Dodoland – Uns geht's zu gut!

Martin Limbeck

DODOLAND – Uns geht's zu gut!

Warum wir alle wieder mehr leisten müssen

ARISTON

Sollte diese Publikation Links auf Webseiten Dritter enthalten, so übernehmen wir für deren Inhalte keine Haftung, da wir uns diese nicht zu eigen machen, sondern lediglich auf deren Stand zum Zeitpunkt der Erstveröffentlichung verweisen.

Bibliografische Information der Deutschen Bibliothek

Die Deutsche Bibliothek verzeichnet diese Publikation in der Deutschen Nationalbibliografie; detaillierte bibliografische Daten sind im Internet unter www.dnb.de abrufbar.

MIX
Papier aus verantwortungsvollen Quellen
FSC® C014496

Penguin Random House Verlagsgruppe FSC® N001967

Redaktion: Thilo Baum
Umschlaggestaltung: Hauptmann & Kompanie Werbeagentur, Zürich,
unter Verwendung eines Fotos von © André Bakker
Satz: Satzwerk Huber, Germering
Druck und Bindung: GGP Media GmbH, Pößneck
Printed in Germany

ISBN: 978-3-424-20261-8

Inhalt

Ich widme dieses Buch …

… meinem Sohn und allen nachfolgenden Generationen.
Lasst Euch von den Dodos nicht länger daran hindern,
Leistung zu erbringen und Werte zu schaffen.
Packt mit an und werdet zu aktiven Gestaltern.
Die Zukunft liegt in Euren Händen.

Euer Martin Limbeck

Vorwort

Die letzten Tage des Dodo

Der letzte Dodo steht neben seinem Nest. Na ja – »Nest« ist zu viel gesagt. In einer in den Boden gekratzten Kuhle liegen zwei große, gelbe Eier.

Er ist eine männliche Dronte, ein großer Vogel, verwandt mit den Tauben, aber er ist doppelt so schwer. Er hat ein Gewicht wie ein Schwan. Sein Gefieder ist blaugrau, sein Schnabel groß und gebogen. Seine Flügel sind klein, etwa wie bei Hühnern. Fliegen kann er nicht. Schnell laufen kann er auch nicht. Dazu sind seine Beine viel zu kurz und sein Körperbau zu plump.

Aber wozu auch fliegen oder rennen? Der Dodo hat hier auf Mauritius – das ist die einzige Insel, auf der es dieses Tier je gab – ja gar keine Feinde. Es gibt hier niemanden, vor dem er fliehen müsste. Und zu essen gibt es genug. Dodos lieben es, sich den Bauch mit vergorenen Früchten vollzuschlagen. Das macht sie auch ein bisschen beschwipst. Und ziemlich fett.

Seine Brutpartnerin, die die Eier gelegt hat, war der vorletzte Dodo. Sie ist gerade von einem holländischen Matrosen am Hals gepackt und aus ihrem Nest herausgezogen worden. Das Männchen hat danebengestanden und nur verwundert zugeschaut.

Denn Dodos wehren sich nicht. Gegen wen auch? Es geht ihnen einfach zu gut.

Seit einigen Jahren kommen allerdings immer wieder Menschen auf Segelschiffen übers Meer. Sie ankern vor Mauritius und kommen auf die Insel, um Wasser und Proviant an Bord zu nehmen.

Dabei haben diese Seeleute einen Dodo nach dem anderen erledigt. Sie haben die schwerfälligen, leicht zu fangenden Vögel entweder als Frischfleisch an Bord genommen oder noch an Land gerupft, auf einen Spieß gesteckt, über dem Feuer geröstet und aufgegessen. Die Seefahrer haben geflucht, weil Dodos so fad schmecken und so zäh sind, aber es war halt bequem, weil Dodos keine Scheu kennen und sich ohne Widerstand oder Fluchtversuche den Hals umdrehen lassen.

Der vorletzte Dodo ist also gerupft und gegessen, der letzte steht an den kürzlich gelegten Eiern. Die Eier wären ja eine Hoffnung für die Art, zu überleben.

Doch dann kommt ein Affe zum Nest. Er fingert an den Eiern herum. Der dumme Dodo steht dabei und schaut zu. Affen sind auch neu auf Mauritius, die Seefahrer haben sie mitgebracht. Einige von ihnen sind ausgewildert und haben sich schnell auf der Insel verbreitet.

Der Affe packt ein Ei und schlägt es auf einen spitzen Stein. Der Inhalt ergießt sich auf den Boden, und der Affe leckt ihn auf. Der Dodo schaut immer noch nur zu.

Der letzte Dodo versteht nicht, was hier geschieht. Er watschelt auf seinen kurzen Beinen zu einer Frucht, die vom Baum gefallen ist, und beginnt, daran herumzupicken. Durch die Palmen sieht er am Strand ein großes Feuer, die Menschen sitzen drum herum und grölen. Über dem Feuer brutzelt das Dodoweibchen. Die Sonne geht am Horizont über dem Meer langsam unter.

Der letzte Dodo weiß nicht einmal, dass er der letzte Dodo ist.

TEIL 1

Loser!

Ein Land in der Hängematte

1
Mit Puderzucker im Hintern läufst du keine Extrameile

Gewinner laufen die Extrameile. Immer und immer wieder. Ob Sie das jetzt glauben oder nicht – ich jedenfalls weiß, was Fleiß, Einsatz, Fleiß, Engagement, Fleiß, Einsatzbereitschaft, Fleiß, Leidensfähigkeit, Fleiß, Disziplin und Fleiß im Leben bewirken können.

Das habe ich schon als junger Kerl verstanden. Und ich habe es in meinem ganzen Leben als Verkäufer, Geschäftsmann und Unternehmer bestätigt bekommen. Jeden Tag aufs Neue: Diejenigen, die am Ende den Auftrag an Land ziehen oder den begehrten Job kriegen oder die Karriereleiter raufklettern – das sind die, die sich noch mal anstrengen. Die, die sich noch mehr um den Kunden bemühen. Die auch am Abend, auch am Wochenende, auch am Feiertag noch arbeiten. Und die noch einmal mehr bei ihren Kunden anrufen. Die sich noch mal hinsetzen, noch ein Buch lesen, noch ein bisschen mehr lernen und sich auch dann noch mal aufraffen, wenn sie schon müde sind.

Das sind die, die Marktführer werden. Das sind die, die den Abschluss schaffen. Das sind die, die auch unter schlechtesten Bedingungen nicht pleitegehen. Das sind die, die Wohlstand schaffen. Wohlstand für alle.

Aber diese Haltung ist derzeit out. Und das ist keine gute Entwicklung. Wer sich anstrengt, erfährt am Ende jede Menge

Nachteile – inklusive Bashing durch die Mehrheit unserer Gesellschaft. Und die Mehrheit besteht aus Dodos. Fett, träge, faul. Gedankenlos, egozentrisch.

Glauben Sie mir: Ich kenne eine Menge Leute. Vor allem Leute, die was reißen. Gleich und gleich gesellt sich gern, wie Sie wissen. Und so sind meine Freunde eben vor allem Unternehmer und Executives. Oder Privatiers. Leute mit Kohle, die sie selbst erwirtschaftet haben. Dodos habe ich keine in meinem Freundeskreis. In meinem Freundeskreis hält auch niemand die Hand auf.

Wenn ich jedenfalls darüber nachdenke, wird mir eines klar: Ich habe noch nie in meinem ganzen Leben einen dauerhaft erfolgreichen Geschäftsmann oder einen dauerhaft wohlhabenden Menschen getroffen, der nicht fleißig gewesen wäre. Talent? Glück? Zufall? Kannst du auf Dauer vergessen. Wissen? Das gibt es heute überall umsonst. Der Fleißige setzt sich am Ende immer durch. Ohne Trainingsfleiß keine Champions League. Ohne Übungsfleiß kein Platz im Orchester. Ohne Lernfleiß kein Meistertitel. Und ohne Arbeitsfleiß kein Erfolg im Job.

Aber das hat unsere Gesellschaft der Dodos vergessen. Was diesem Land massiv fehlt, ist Fleiß.

Nur 13 Millionen Menschen schaffen tatsächlich Werte

Es gibt ein paar ganz wenige, die fleißig sind und die den Laden am Laufen halten. Aber diese fleißigen Menschen sind eine erschreckend kleine Minderheit. Diese wenigen Menschen rackern sich ab für alle anderen. Die Mehrheit bringt gar nichts zustande. Lassen Sie es mich kurz ausrechnen:

In Deutschland leben ungefähr 83 Millionen Menschen. Von denen sind ungefähr 45 Millionen erwerbstätig. Von denen wiederum leben ungefähr 12 Millionen direkt oder indirekt vom Staat.[1] Nicht dass die Arbeit von Polizeibeamten, Richtern oder Lehrern nicht wichtig wäre – diese Arbeit ist unheimlich wichtig. Aber es ist eben Grundversorgung, Infrastruktur, bezahlt mit dem Geld aller. Viele Geschäftsideen entstehen im öffentlichen Dienst nicht. Bestimmt sehen Sie es mir nach, wenn ich den öffentlichen Dienst nicht zu denen zähle, die produktive Wertschöpfung erzielen. In erster Linie erwirtschaften Unternehmen und Arbeitnehmer das Geld, das öffentlich Beschäftigte verdienen. Und darum ziehen wir den öffentlichen Dienst ab.

Bleiben also ungefähr 33 Millionen berufstätige Menschen, die in der Wirtschaft beschäftigt sind. Von denen sind die meisten sozialversicherungspflichtig – es gibt in Deutschland nur etwa 4 Millionen Selbstständige. Heißt: Die Mehrheit arbeitet nicht mit einer eigenen Geschäftsidee, sondern mit der eines anderen. Das ist auch gut so: Unternehmen brauchen gute Mitarbeiter.

Nun ist es eben leider auch so, dass sich nur ungefähr 15 Prozent der Arbeitnehmer wirklich mit dem Arbeitgeber identifizieren und sich wirklich einsetzen. Die Coronakrise hat dieses Engagement minimal wachsen lassen – im Jahr 2020 lag es bei 17 Prozent. Woran liegt diese kleine Steigerung? Die Leute scheinen gemerkt zu haben, dass Unternehmen ihnen Sicherheit bieten.[2] Das große Problem allerdings ist geblieben: 68 Prozent der Arbeitnehmer machen »Dienst nach Vorschrift«, und 15 Prozent haben sogar innerlich gekündigt. Macht also 83 Prozent Dodos unter Deutschlands Arbeitnehmern. Das ist der Großteil, der mit seinem Verhalten Produktivität oft sogar verhindert.

Ziehen wir also von 33 Millionen Berufstätigen die Selbstständigen ab, landen wir bei 29 Millionen abhängig Beschäftigten. Die 68 Prozent Dodos ziehen wir ab. Bleiben 9 Millionen engagierte Mitarbeiter. Plus 4 Millionen Selbstständige ergibt 13 Millionen Menschen, die tatsächlich reale Werte schaffen.

Und das sind schlicht zu wenige. Von denen brauchen wir mehr. Viel mehr.

Schauen Sie: Dass wir hier die Zahlen grob überschlagen und Pi mal Daumen rechnen, ist gar nicht so entscheidend. Selbst wenn es 20 oder 30 Millionen Menschen wären, die mit Engagement und Fleiß für Wertschöpfung sorgen würden, wären es noch viel zu wenige. Ich sage auch nicht, dass die Dodos keine Steuern zahlen – klar zahlen viele Dodos Steuern. Aber was diese Dodos den lieben langen Tag treiben, verdient eben nicht den Begriff »Arbeit«. Es ist Pillepalle. Selbstbetrug. Für-dumm-Verkaufe der Kollegen und des Marktes. Betrug am Chef.

Steuern an sich sind gut, denken Sie? Stimmt nicht. Wenn jemand auf Staatskosten einen sinnlosen Job macht und darauf einen kleinen Teil seiner Bezüge wieder als Steuern abführt, dann ist das weder nachhaltig noch volkswirtschaftlich sinnvoll. Dann lebt von diesen Bezügen vielleicht jemand, aber weil dieser Jemand keine Werte schafft und nichts Sinnvolles zur Gesellschaft beiträgt, schadet dieser Job der Gesellschaft.

Unternehmer wissen das. Deswegen sind ausgeschriebene Stellen meistens sinnvoll und dienen dem Unternehmensziel. Logisch? Und unsinnige Arbeitsplätze schaffen sie natürlich ab.

Und genau das brauchen wir. Was wir brauchen, sind sinnvolle, produktive Tätigkeiten – also Arbeit, die wirklich Werte schafft. Die Dinge von Bestand erzeugt. Und wir brauchen einen öffentlichen Dienst, der mit den erwirtschafteten Steuern klug umgeht. Beides fehlt in Dodoland, denn das ist fest in Dodohand.

Der Staat blutet aus

Und die Folge? Ganz einfach: Der Staat blutet aus. Am Ende kriegen wir weniger, als wir eingezahlt haben. Wir bekommen nur eine müde Rente, über deren Höhe Politiker entscheiden, die ihre Scherflein schon im Trockenen haben. Und die unser Geld mit vollen Händen zum Fenster rausschmeißen und das oft für den größten Blödsinn – sodass für sinnvolle Dinge wie eine ordentliche Rente nichts mehr bleibt.

So ist das eben, wenn eine ganze Gesellschaft den Sinn der Wertschöpfung aus dem Blick verloren hat. Wenn ein Land glaubt, dass jede Form von Tätigkeit sinnvoll ist, nur weil sie steuerpflichtig bezahlt wird, dann entstehen keine Werte. Wenn die Bestimmer eines Landes den Unterschied zwischen Konsumausgaben und Investitionen nicht kennen, dann blutet ein Staat genauso aus wie jeder unwirtschaftlich geführte Privathaushalt. Das ist aber denen egal, die sich als Politiker oder Verwaltungsleute eine fette Pension gesichert haben.

Schade um das viele Geld für den Berliner Großflughafen, oder? Wissen Sie, was Politiker und Verwaltungsleute sagen? Die sagen: Damit haben wir einen Haufen Handwerker bezahlt, die davon leben. Na super! Dann sollten wir langsam mal den Autoverkehr von Rechts- auf Linksverkehr umstellen. Was das neue Arbeitsplätze schafft, von denen Leute leben können! Neue Straßenführungen, Markierungen, Schilder, Umstellung der Fahrschule – was für eine Goldgrube! Aber dann doch völlig sinnlos.

Es gibt halt sinnvolle Arbeit und auch sinnlose Arbeit.

Und das scheint das Kernproblem zu sein: Dodoland hat vergessen, was Arbeit ist. Was Leistung ist. Was Wertschöpfung ist. Produktivität. Die 13 Millionen, die Dodoland am Leben halten, die wissen es. Aber die Mehrheit, die Dodos, die haben keine Ahnung davon. Und die Mehrheit bestimmt in einer Demokratie, wo es langgeht.

Dabei waren die Deutschen echt mal wohlhabend. Vor den Weltkriegen. Warum? Weil sie fleißig waren und tatsächlich Werte geschaffen haben. Schauen Sie sich mal die Gründerzeitbauten in den Innenstädten an, die den Bombenkrieg überlebt haben. Das sind teils richtig prächtige Paläste. Oder historische Fabrikgebäude – wie die heutige Kulturbrauerei im Prenzlauer Berg in Berlin – sind einfach beeindruckend. Fahren Sie einfach mal ins Ruhrgebiet, wo ich herkomme, und schauen Sie sich ein paar Industriedenkmäler an. Dann wissen Sie, was ich meine. Mir gefällt besonders das Stahlwerk im Landschaftspark Nord in Duisburg.

Und lesen Sie die Straßennamen in den Industriegebieten im ganzen Land: Die fleißigen Industriellen und ihre fleißigen Arbeiter haben im 19. Jahrhundert die komplette Grundlage unserer Wirtschaft aufgebaut. Zahlreiche Forscher und Wissenschaftler haben der Menschheit nur mit großem Fleiß großartige Erfindungen geschenkt. Ich nenne ein paar Namen: August Borsig (1804–1854) war Maschinenbauer und hat Lokomotiven produziert. Werner von Siemens (1816–1892) hat zwar noch kein Mobiltelefon hergestellt, aber alles, was mit Elektrotechnik zu tun hatte. Gottlieb Daimler (1834–1900) ist den Schwaben ein Begriff, die »beim Daimler schaffen«, Autobauer. Robert Koch (1834–1910), Arzneimittelforscher und Entdecker des Tuberkulose-Erregers. Wilhelm Conrad Röntgen (1845–1923), bekannt durch die Strahlen, Physiker. Margarete Steiff (1847–1909), Stofftierproduzentin. Rudolf Diesel (1858–1913) hat den Dieselmotor erfunden. Robert Bosch (1861–1942), Begründer eines Imperiums der Feinmechanik und Elektrotechnik. Ferdinand Porsche (1875–1951) – was gibt es da zu erklären: Er hat meine Autos erfunden. Er wusste genau, was ich will, als hätten wir uns gekannt.

Sie wissen selbst, dass in dieser Reihe viele Namen fehlen. Es ist nur eine kleine Auswahl von Leuten, die nicht um 16.30 Uhr den Bleistift fallen lassen, sondern die für eine Sache brennen und darum eine Extrameile nach der anderen gehen. Und die die Industrie erst so richtig auf die Beine gestellt haben. Ohne sie wäre Deutschland wirklich sehr rückständig geblieben – und die Welt auch.

In der Nachkriegszeit wurden die Deutschen wieder wohlhabend, zumindest im Westen des geteilten Landes. Warum? Weil sie fleißig waren. Eine ganze Generation von Fleißigen hat uns aus den Trümmern herausgearbeitet. Sie sind jeden Tag Extrameilen gegangen, um die Substanz aufzubauen, von der wir heute noch zehren. Ja, Sie haben richtig gelesen: Wir leben heute komplett von der Substanz. Fast alle größeren Brücken in Deutschland sind runtergewirtschaftet, viele baufällig, manche gefährlich. Die Rheinbrücken im Rheinland – Dauerbaustellen. Zahlreiche heutige Bahnhofsgebäude sehen aus, als wären wir hier im Bosnien-Krieg. Weil über Jahrzehnte Dodos alles haben verkommen lassen, statt es in Schuss zu halten.

Im Ostteil des Landes – der Sowjetischen Besatzungszone (SBZ) und dann DDR – hatte das Runterwirtschaften schon länger System. Daher hat es dort von Anfang an mit dem Wohlstand nicht so gut geklappt. War auch klar: Das Wirtschaftssystem »Sozialismus« hat den Individualismus unterdrückt und es völlig unattraktiv gemacht, Geschäftsideen zu entwickeln. Der Sozialismus ist ein kollektivistisches System: Das Kollektiv steht über dem Individuum. Entsprechend haben kreative und fleißige Individuen im Sozialismus nichts zu lachen und vor allem auch keine Motivation, etwas auf die Beine zu stellen. Denn ein sozialistisches, kollektivistisches System wird immer von allen Erfolgreichen verlangen, ihren Erfolg zu teilen. Sie müssen abgeben. Effekt: Der Erfolg wird glattgebügelt – auf Schlaudeutsch: nivelliert. Und darum gibt es in sozialistischen Systemen eben weniger Erfindungen und Nobelpreise als in freien Ländern.

Aktuell haben wir also in ganz Deutschland Zerfallssymptome wie vor einigen Jahrzehnten nur in der DDR. »Verostung« hat man das in den Neunzigern genannt, wenn es plötzlich in Düsseldorf Schlaglöcher gab wie auf Feldwegen bei Wittstock, Plauen oder hinter den Karpaten.

Der Wohlstand von heute gründet also auf dem Fleiß von gestern. Und der Wohlstand von morgen? Wo soll der herkommen?

Irgendjemand muss ranklotzen. Irgendjemand muss kluge Geschäftsideen entwickeln und auf die Straße bringen, damit wir in der Zukunft eine Perspektive haben und damit wir alle von etwas leben können. Da sind alle gefragt. Wir müssen definitiv alle die Extrameile gehen.

Verlierer – Dodos – laufen keine Extrameile. Wozu sollten sie auch? Sie haben ja das Gefühl, alles zu haben, was sie brauchen. Sie haben keinen Grund, sich anzustrengen. Sie sagen sich und anderen: »Es ist doch alles da«, »Wir haben doch alles«, »Es ist doch genug Geld für alle da«, »Es reicht doch«, »Wir müssen es nur ein bisschen anders verteilen, dann haben wir alle was davon«, »Holt es euch doch bei den Reichen«, »Außerdem ist Geld doch gar nicht so wichtig«, »Zur Not kommt's vom Staat« und »Du musst ja auch mal chillen, oder?« Und überhaupt: »Jetzt lass doch mal fünfe grade sein!« – »Familie ist doch auch wichtig.« – »Und Gesundheit ist doch auch wichtig.« – »Du kannst doch nicht immer arbeiten.« – »Wozu auch? Wir bekommen doch auch so alles!«

Ja, ich kenne diese Haltung. Und diesen unterschwelligen Vorwurf: Als ob einer, der viel arbeitet, keinen Wert auf Gesundheit und Familie legen würde und generell vor lauter Maloche die Ehe kaputt macht! Aber das ist oberflächlicher Quatsch – das eine hat mit dem anderen nichts zu tun.

Ich kenne viele Unternehmerfamilien. Die *haben* keine Arbeit, sie *leben* Arbeit. Sie *haben* keine Familie, sie *sind* eine Familie. Auch wir achten selbstverständlich auf Gesundheit und Ernährung, machen Sport und schlafen genug. Da ist kein Widerspruch zum Arbeiten. Wenn du fleißig und diszipliniert bist, dann bist du das auch in Bezug auf dein Umfeld, deine Partnerschaft und deinen Körper.

Aber ist ja klar: Wer sich selber nicht anstrengen will, der hat auch keine Wertschätzung dafür übrig, wenn andere sich anstrengen. Das sehe ich auch jetzt gerade wieder, wo ich das hier schreibe. Wir haben ja gerade diese elende Covid-19-Pandemie. Da hatte ich es mit den Lockdowns und Verboten und Beschränkungen wirklich schwer mit meinen Unternehmen. Aber anstatt zu jammern, habe ich mit meinen Leuten noch mal eine Schippe draufgelegt und alle Arbeitsplätze erhalten. Am Jahresende 2020 habe ich noch mal 1.500 Euro Coronabonus aus dem Gewinn für jeden obendrauf gelegt. Weil es für alle ein schwieriges Jahr war. Ja, das ist steuer- und abgabenfreies Geld. Aber wir haben das dennoch vorher erwirtschaftet. Ich zahle das zum Zeichen großer Dankbarkeit an meine Leute aus.

Und dann sind wir am Jahresende in ein neues, größeres, besseres Büro umgezogen. Das alte Telesales-Office war einfach zu laut. Blöde Akustik. Meine Leute hatten sich immer wieder darüber beschwert. Völlig zu Recht. Also habe ich eine Immobilie gekauft, damit wir alle künftig einen besseren Arbeitsplatz haben.

Außerdem kaufe ich höhenverstellbare Tische, sauteuer, acht Stück. Weil sich ein paar meiner Leute beklagt haben, sie haben Rückenschmerzen. Ich mache das für meine Leute, auch und gerade jetzt, wo es schwierig ist.

Ich kann Ihnen versichern, wenn ich als junger Verkäufer so eine Chance bekommen hätte, eine Extrameile zu laufen, mit dem Chef anzupacken, gemeinsam mit den Kollegen Möbel zu schleppen, beim Einrichten beteiligt zu sein, mit eigenen Händen meinen Arbeitsplatz mitzugestalten – ich hätte nicht eine Sekunde gezögert! Ich verstehe überhaupt nicht, wie man da keinen Bock drauf haben kann.

Hören Sie den Dialog mit den Dodos? Der geht so: »Aber Junge, wir haben doch Weihnachten!« – »Nein, wir haben Arbeit!« – »Ey, du musst dich doch auch mal ausruhen!« – »Nein, mein Chef ruht sich auch nicht aus!« – »Und das bezahlt dir doch keiner!« – »Doch, meine Arbeit wird sich auszahlen, ich helfe mit.« – »Und der Bonus, der steht dir doch zu!« – »Nein, der steht mir nicht zu, den zahlt mein Chef aus freien Stücken.« – »Aber der spart doch eh nur Steuern damit!« – »O nein, das Geld musste erst mal erwirtschaftet werden, das zahlt der aus dem Gewinn.« – »Und auf gescheite Tische habt ihr doch einen Anspruch, da brauchst du dich doch nicht extra zu bedanken!« – »Anspruch? Ist mir doch egal, gerade jetzt in uns zu investieren, ist überhaupt nicht selbstverständlich, andere sind in Kurzarbeit oder arbeitslos, darum bedanke ich mich. Selbstverständlich!«

Ich kann es mir genau vorstellen, wie ich das gesehen hätte. Und Sie können sich sicher sein: Meine Einstellung ist der einzige Grund, warum ich heute selber Chef bin.

Heute bin ich es, der fragt: Wer hilft beim Umzug? Also: Also, wie viele Mitarbeiter haben mitgeholfen? Wie viele haben mit angepackt? Wie viele haben sich für den Bonus bedankt? Wer freut sich über die höhenverstellbaren Tische? Ich sage es Ihnen ganz offen: Wenn ich alle zusammenzähle, brauche ich zum Zählen nicht mal die Finger einer Hand. Nicht mal die Hand eines Schreiners …

Und jetzt mal ganz genau: Ich beklage mich überhaupt nicht über meine Mitarbeiter! Oder dass sie undankbar wären. Ich mag meine Mannschaft! Mir geht es um etwas anderes: Ich sehe die Haltung und Einstellung der Jungen heute und vergleiche das mit früher. Der Punkt ist: Denen geht es heute so gut, dass sie tatsächlich keine Extrameile mehr gehen *müssen*. Und sie sind es so gewohnt, alles einfach so zu bekommen, dass sie gar nicht merken, dass sie nicht fleißig sind. Nach ihren eigenen Maßstäben sind sie durchaus fleißig. Aber ich habe eben andere Maßstäbe. Und jeder andere erfolgreiche Geschäftsmann hat andere Maßstäbe. Und unsere komplette Großelterngeneration hatte auch andere Maßstäbe, was Fleiß ist und was nicht.

Wer hat, kann geben

Ja, ist ja richtig. Über einen Kamm scheren darfst du die Leute nie, Limbeck! Mache ich auch nicht. Es gibt immer Ausnahmen, die die Regel bestätigen. Ich kenne da einen, der hat eine Ausbildung zum Versicherungskaufmann gemacht, arbeitet jetzt in einer Sicherheitsfirma und hat sich da zum Abteilungsleiter hochgearbeitet, während er nebenher noch studiert. Der kennt auch keinen Achtstundentag und keine Fünftagewoche. Der baut jeden einzelnen Tag an seiner Zukunft. Ich glaube bereits erkennen zu können, wie er eines Tages sein eigenes Unternehmen gründet. Mit einer solchen Einstellung bringst du es immer zu was.

Aber sehen Sie sich mal um und seien Sie ehrlich: Diese Typen sind selten geworden. Freitagmittags ist doch für die meisten um 14 oder 15 Uhr Schicht im Schacht. Auch im Verkauf. Dabei ist Freitagnachmittag die beste Zeit zum Verkaufen! Wenn alle anderen nach Hause fahren und nur du noch beim Kunden bist, dann gewinnst du Aufträge ohne Ende. Ich habe das damals als junger Kopierer-Verkäufer genauso gemacht: Am Freitag habe ich mich ins Auto gesetzt und bin quer durch Frankfurt gefahren: »Kunde, brauchst du was?« – »Kunde, hast du gerade Zeit?« – »Kunde, hast du vergessen, Toner zu bestellen?« Der Limbeck kommt und bringt dir den Toner!

Am Abend war ich erst um zehn zu Hause, aber meine Extrameilen haben mir Extrakunden gebracht. Und meine Extrakunden haben mir Extraumsatz gebracht. Und mein Extraumsatz hat mir Extramoney gebracht, und am Monatsende war ich wieder Verkäufer Nummer eins im Vertriebsteam. Und wenn du glaubst, dass es unnötig und egoistisch ist, nach oben zu kommen: Heute schaffe ich selber Arbeitsplätze, zahle tonnenweise Steuern und kann mich mit Wumms für kranke und hilfsbedürftige Kinder einsetzen. Nur wer hat, kann geben!

Kein Mensch will nach oben

Aber das Problem ist ja, dass kaum einer mehr nach oben kommen will, weil die alle schon so weit oben in die Gesellschaft reingeboren werden, dass es ihnen vollkommen reicht. Kaum einer ist scharf darauf, Verantwortung nicht nur für sich selbst, sondern auch noch für andere zu übernehmen. Ja, wer aus einfachen Verhältnissen kommt, ist heute nicht mehr dazu verdammt, arm zu sein. Der Wohlstand ist gewachsen. Und zwar so, dass die jungen Leute von heute ein Luxusleben führen, wie es vor zweihundert Jahren keine Prinzessin und kein Prinz geführt hat. Mit fließendem Heißwasser, Strom aus der Steckdose und Tiktok. Ja, die Leute haben die Chance, etwas zu reißen. Nur sie machen es halt nicht. Sie haben es nicht nötig. Und daran wird unsere Gesellschaft bald zerbrechen. Wenn wir nicht zügig gegensteuern, gehen wir unter in Saus und Braus.

Falls Sie zu den älteren Semestern gehören, kennen Sie vielleicht noch *Ein Mann will nach oben* von Hans Fallada (1893 bis 1947). Bekannt ist vielleicht auch die Fernsehserie aus den Siebzigern. Hauptfigur ist die 16-jährige Vollwaise Karl Siebrecht, im TV gespielt von Mathieu Carrière (* 1950). Die Handlung beginnt im Jahr 1909 und spielt in den ärmsten Berliner Arbeitervierteln. Der Junge hat so rangeklotzt und sich auch von übelsten Niederlagen nicht beirren lassen, wie das heute keiner mehr macht.

Nach einer Umfrage von Boston Consulting von 2019 wollen in Deutschland nur sieben Prozent der Mitarbeiter in den kommenden fünf bis zehn Jahren eine Führungsposition übernehmen. Und nur sechs Prozent der Führungskräfte wollen sich irgendwann selbstständig machen. Dafür wollen 37 Prozent der Mitarbeiter am liebsten überhaupt nicht mehr arbeiten. Hammer! Verantwortung übernehmen für die Gesellschaft? »Dafür zahl ich doch Steuern!«, hör ich da. Und dann heißt es: »Nein, das muss ich nicht machen, weil das nicht in meinem Stellenprofil steht.« Oder: »Nein, ich habe meine Stunden schon gearbeitet, ich hab jetzt Feierabend.« Und: »Am Samstag neue Kunden gewinnen? Nein, das steht nicht in meinem Vertrag.«

Ist klar. Da fällt mir ein alter Witz ein: Sitzt ein Mann im Café. Der Kellner läuft vorbei, läuft vorbei, läuft vorbei. Der Gast fragt: »Pardon, darf ich bitte was bestellen?« Der Kellner knapp: »Nicht mein Tisch.« Am nächsten Tag ist der Mann wieder im Café. Der

Kellner bricht zusammen und zuckt röchelnd am Boden herum. Der Chef des Cafés ruft: »Ist ein Arzt hier?« Der Gast meldet sich. Der Chef fragt: »Warum helfen Sie denn nicht?« Der Gast knapp: »Nicht mein Kellner.«

Wissen Sie, ich war Lehrling im Elektrogroßhandel. Nach dem Ausfahren der Handwerkerbestellungen oder nach der Berufsschule waren die acht Stunden voll. Aber ich bin trotzdem noch in die Firma gegangen. Immer. Und samstags auch. 40 Stunden waren ein Witz, ich hatte jede Woche mehr, und keiner hat danach gefragt. Und ich habe die Stunden nicht gezählt. Warum? Weil ich mich auch nach der offiziellen Arbeitszeit noch nützlich machen konnte. Und weil ich bei jeder zusätzlichen Tätigkeit irgendwas Zusätzliches gelernt habe. Ich war so lange in unserem Laden, bis ich alles gekonnt habe. Und was zu können, das macht Spaß!

Ich war damals nicht der einzige Lehrling, der so drauf war. Wir haben nicht gefragt, sondern uns einfach permanent nützlich gemacht. Weil das der Weg ist, wie du zu etwas kommst. Wir haben das Arbeiten nicht als notwendiges Übel betrachtet, das im Gegensatz zu unserem Leben steht. Wir waren nicht schizophren und im Kopf zweigeteilt zwischen Arbeitszeit und Freizeit. Wir hatten stabile Persönlichkeiten, die etwas reißen wollten.

Das fängt schon bei den Ferien- und Nebenjobs an: Welche Kids streichen heute noch Zäune, tragen den Stadtanzeiger oder Prospekte aus, helfen den Nachbarn beim Einkaufen, Brennholzstapeln, Gehwegfegen und Schneeschippen im Winter? Also, ich sehe die nirgends mehr! Dabei gibt es immer was zu tun, das sagt nicht nur die berühmte Baumarktwerbung. Überall sind Bedarfe. Überall braucht jemand was, worauf wir am Ende vielleicht sogar ein Business aufbauen können.

Ja, der Staat verbietet mehr als früher, klar. Natürlich darf es keine Kinderarbeit in dem Sinne geben. Aber Wertschöpfung durch übertriebene Bürokratie zu begrenzen, ist einfach dumm. Wenn Ihr Kind arbeiten und dafür eine Münze in die

Hand gedrückt bekommen will, dann findet es irgendwas, wo es mit anpacken kann. Das kann auch sehr spannend sein – manche Kinder arbeiten sogar beim Film. Mit ein bisschen Fantasie, Nachdenken und Recherche finden sich die coolsten Ferienjobs. Und ach ja – natürlich mit Fleiß. Stellen Sie sich vor, Ihr Kind will mit Elefanten und Tigern arbeiten. Wenn es das will, wird es das schaffen. Ihr Kind muss einfach nur Bewerbung um Bewerbung an Zoos schreiben. Hinfahren, hartnäckig sein, dranbleiben. Dann wird das irgendwann gelingen. Wetten? Genauso findet Ihr Kind einen Job im Theater oder bei einer Umweltschutzorganisation.

Umkehrschluss: Wenn Ihr Kind nichts findet, womit es Geld verdienen kann, dann hat es keinen Bock. Und warum hat es keinen Bock? Weil es mit Puderzucker im Hintern keine Extrameile läuft. Dann ist es eben nicht hartnäckig und fleißig. Dann ist es so schlaff und träge wie ein Dodo.

Und wenn der Erfolg dann später ausbleibt, sind die anderen schuld. Denkt der Dodo.

Der Trog bleibt, die Schweine wechseln

Ich bin in einer großen Stadt bei einer großen Versicherung als Redner engagiert. In einem großen Theater darf ich die Auftakt-Keynote halten, also den prominenten Vortrag, mit dem die zwei Kongresstage starten. Im Publikum: die Verkäufer der Versicherung, oft auch »Generalagenten« genannt. Weil sie eine Generalagentur haben. Das kennen Sie sicher, das gibt es in jeder Kleinstadt in irgendwelchen Ladengeschäften. Großes Leuchtschild drüber mit dem Logo der Versicherung und dem Namen des Generalagenten. Vom Wesen her sind diese Generalagenten selbstständig.

Und am Abend bei den Häppchen schlich da so ein Typ um mich rum. Nachdem er erst eine Weile rumgelaufen ist wie

Falschgeld, stellt sich dieser selbstständige Generalagent neben mich ans Buffet und sucht das Gespräch, um sich bei mir auszukotzen. Sinngemäße Kurzfassung: »Scheißladen. Früher alles besser. Direktionsleiter ist Idiot. Produkte Mist. Provisionen zu niedrig. Miese Organisation. Alle doof. Nichts läuft richtig.«

Normalerweise sage ich: »Kein Coaching ohne Auftrag.« Aber diesen Herrn verarzte ich gratis. Ich unterbreche seine Tirade und frage ihn: »Sagen Sie mal, haben Sie Kinder?« – »Ja.« – »Wie viele?« – »Zwei. Zwei Jungs.« – »O. k. Wie alt?« – »Zwölf und vierzehn.« Darauf habe ich ihm eine Frage gestellt: »Gut, mein Freund. Was glauben Sie, wie die beiden Jungs über Sie denken würden, wenn die Sie gerade hören könnten? Oder wenn Sie mit der Laune zu Hause rumschimpfen? Was denken die? Sind Sie ein gutes Vorbild?«

Der Mann war ruhiggestellt. Ich konnte mich weiter über die schöne Veranstaltung dieses hervorragenden Unternehmens freuen.

Das ist nämlich der andere Punkt: Die Jungen heute laufen keine Extrameile, weil sie es nicht vorgelebt bekommen. Sie haben nie erlebt, was das heißt, eine Extrameile zu laufen. Was es heißt, ans Limit zu gehen, die Goldmedaille zu gewinnen, aus eigener Kraft unabhängig zu sein – weil sie es nirgends um sich herum sehen und erleben können. Sie erleben einfach keine Vorbilder. Und wenn du die Krone nie auf dem Kopf hattest, weißt du eben nicht, ob sie dir passt.

Übrigens wissen sie auch nicht, was es heißt, aus eigenem Antrieb jemandem zu helfen. Eigentlich ist es selbstverständlich, dass Menschen einander helfen – auch das ist eine Form von Fleiß. Gegenseitige Hilfe ist heute aber zur reinen Staatsaufgabe verkommen: Wir schieben die Verantwortung auf Ämter ab. Auf Sozialversicherungen. Und das nennt sich dann »Solidarität«.

»Solidarität« ist ja eigentlich etwas Gutes. Das Wort heißt: Wir stehen füreinander ein. Wir ergreifen füreinander Partei. Wir kämpfen füreinander. Wenn also in einer Gesellschaft Starke leben, die ihr Leben problemlos meistern, dann meint »Solidarität«, dass sie die Schwachen unterstützen. Niemand zum Beispiel mit einer geistigen oder körperlichen Behinderung steht ohne Hilfe da – wer nicht für sich selbst sorgen kann, für den sorgt die Solidargemeinschaft. Fragen Sie mich mal, ob ich das gut finde. Wissen Sie was? Das finde ich sehr gut!

Aber der Begriff »Solidarität« ist inzwischen komplett verwässert. Der Staat hat die Solidarität so hochgradig organisiert, dass viele Menschen gar nicht mehr solidarisch sind. Weil sie denken: Der Staat richtet es doch! Und das kommt eben dabei heraus, wenn der Staat den Menschen das Helfen abnimmt. Ich sage nicht, dass der Staat nicht helfen soll. Aber es ist eben auch eine willkommene Ausrede für alle, die zu faul sind, anderen zu helfen. Das erlebe ich dann in alltäglichen Episoden: Unsere Haushälterin kocht fürs ganze Team und fragt den Lehrling: »Kannst du mir kurz helfen, Gemüse zu schnippeln?« Der Lehrling sagt: »Nein, ich esse nachher nicht mit.« Das ist Egoismus. Das ist unsolidarisch. Und der Lehrling nach seiner Ausbildung nicht mehr an Bord.

Ganz ehrlich? Ich hätte mich früher im gleichen Alter nicht getraut, jemandem, der mich um Hilfe bittet, die Hilfe zu verweigern.

Und noch ein Takt zum Thema »Solidarität«. Wissen Sie, was ich unsolidarisch finde? Ich finde es unsolidarisch, wenn sich eine Mehrheit von einer Minderheit durchfüttern lässt. Oder? Würden Sie bestimmt auch unsolidarisch finden. Und das Thema hatten wir ja schon: Nur ganz wenige Menschen schaffen Werte. Und füttern damit die anderen durch. Ziehen wir von denen diejenigen ab, die wirklich die Hilfe der Solidargemeinschaft brauchen und nicht für sich selbst sorgen *können*. Über die will ich mich nicht beklagen: Denen müssen wir Starken helfen. Aber die, die die Gesellschaft und das Land weiterbringen *könnten* und es trotzdem nicht tun – die verhalten sich hochgradig unsolidarisch.

2
Der Kühlschrank ist voll

Lassen Sie uns mal die Loser genauer anschauen. Also die, die unsolidarisch auf Kosten der Produktiven leben.

Ganz wichtig ist: Als Loser wird niemand geboren. Um ein Loser zu werden, gehen die Loser viele Jahre in die Loserlehre – bei ihren Eltern, bei ihren Freunden, in der Schule und im Studium, in der Gesellschaft.

Loserlehre? Ich verrate Ihnen, wie ich das meine.

Es gibt in der Psychologie das Konzept der »erlernten Hilflosigkeit«. Der amerikanische Psychologe Martin Seligman (* 1942) hat es in den Sechzigerjahren entwickelt, um das Entstehen bestimmter Formen von Depressionen zu verstehen und zu erklären.

Vereinfacht gesagt funktioniert das Ganze so: Einer macht eine negative Erfahrung. Dann überlegt er, wie das passieren konnte. Er kommt zu dem Schluss, dass er in der blöden Situation nichts hätte tun können – es wäre so oder so passiert. Daraus schließt er, dass er machtlos ist oder dass die Umstände gegen ihn sind. Und dass es egal ist, was er tut oder lässt. Er lernt: Ich kann nichts ändern. Ganz egal, wie ich mich verhalte – ich beeinflusse damit nicht mein Leben.

Und dann kommt wieder eine Situation, in der seine Reaktion gefragt wäre. Er erinnert sich daran, dass er nichts ändern kann – das hat er ja so erlebt und gelernt. Also legt er die Hände in den Schoß und fühlt sich schlecht, weil die Welt wieder mal was Schlimmes mit ihm anstellt. Diese negative

Erfahrung verstärkt das Gelernte: Er ist einfach schutz- und hilflos ausgeliefert. Er denkt: Ist halt so. Opfer eben! Und so geht es immer weiter, immer tiefer in die Depression hinein.

So erlernen Loser ihre Loser-Mentalität. Und die zeigt dann echt ätzende Ausprägungen: Einer strengt sich an, erzielt ein gutes Ergebnis, aber die Menschen in seiner Umgebung freut das gar nicht. Sie signalisieren ihm deutlich, dass sie ihm den Erfolg nicht gönnen. Vielleicht sagen sie: »Streber!«, oder wenden sich von ihm ab. Oder sie verlangen, dass er etwas von seinem Erfolg an andere abgibt, die nichts dafür getan haben. Aus völlig falsch verstandener »Solidarität«, die nicht mehr den Schwachen hilft, sondern den Starken wegnimmt, was sie erreicht haben.

Später kommen wir ja noch zum Thema Neid. Hier geht es erst mal um etwas viel Schlimmeres: um Missgunst. Neid ist grundsätzlich erst mal gar nicht so schlecht – er spornt uns an, etwas zu erreichen. Also wenn wir auch so ein tolles Auto haben wollen wie unser Nachbar, dann ist dieses tolle Auto ein Neidfaktor und zugleich eine Motivation.

Missgunst dagegen ist menschlich abgründig. Richtig böse. Missgunst heißt, dass wir dem anderen nicht gönnen, was er hat. Wir wünschen uns also nicht nur auch so ein Auto, sondern wir wollen, dass der Nachbar sein tolles Auto verliert. Und das Motiv hinter der Missgunst ist in allererster Linie Hass.

Viele Loser sind hassgetrieben und missgönnen den Gewinnern, was sie haben. Das spielt wieder in die »erlernte Hilflosigkeit« hinein, und so werden die hassgetriebenen Loser immer hassgetriebener.

Und das ist dann auch noch ansteckend wie Cholera. Stellen Sie sich vor, einer zieht den Karren ganz alleine für eine Gruppenarbeit. Und die anderen, die Trittbrettfahrer, bekommen die gleiche gute Note wie er. Aber den Erfolg für sich in Anspruch nehmen darf er nicht. Autoritätspersonen wie Eltern oder Lehrer tadeln ihn: »Sei nicht so ein Angeber! Sei nicht so ein Egoist!

Du lässt die anderen durch deinen Erfolg schlecht aussehen. Du bist unsozial.«

Merken Sie, was passiert? Der Erfolg des Starken wird plattgemacht. Und er lernt: Sich anstrengen lohnt sich nicht.

Wieso auch sollen wir uns ins Zeug legen, wenn es am Ende niemand würdigt?

Interessant wird es, wenn der warme Kollektivismus dann klebrig seine Tentakeln ausstreckt. Und Vorsicht, jetzt wird es echt richtig fies.

Stellen wir uns vor, dieser Leistungsträger macht mal einen Fehler, oder ihm misslingt etwas. Dann signalisiert ihm seine Umwelt: »Kein Problem, ist nicht schlimm.« Der Kollektivgedanke arbeitet sich an die Oberfläche und zeigt ihm, dass die anderen ihm jetzt etwas abgeben müssen. Dass er Unterstützung bekommt. Er merkt jetzt: Hey, mir geht es ja mindestens genauso gut, als wenn ich mich angestrengt hätte! Und so lernt er: Eigentlich ist es egal, was ich tue, ob ich etwas leiste oder nicht. So oder so wäre mir nichts passiert.

Und so infiziert ihn das Loser-Bakterium. Er merkt: Es ist super, Loser zu sein. Vielleicht geht es ihm ohne Erfolg sogar besser. Jedenfalls mögen ihn die Leute als Loser mehr als als Gewinner. Ist es da überhaupt der beste Weg, sich anzustrengen? Eher nicht.

Der einstige Gewinner und frischgebackene Loser lernt zwei Dinge: Mit Erfolg kann er in seinem Leben erstens wenig Gutes bewirken. Zweitens kann er mit Misserfolg aber auch keinen Schaden anrichten. Das ist die Patt-Situation in seinem Denken. Er hat also keinerlei Einfluss auf die Welt, aber die Welt ist ihm grundsätzlich wohlgesinnt. Und das Gefühl der Zugehörigkeit und der Geborgenheit in der Gemeinschaft, das bekommt er als Loser viel mehr als der Gewinner, über den alle die Nase rümpfen, weil er ja angeblich so unsolidarisch und so egoistisch ist. Jedenfalls wird ihm klar: Ihm kann nichts passieren. Er ist in Watte gepackt. Die Welt passt auf ihn auf. Wie schön. Wie sozial und solidarisch.

Also wird er beim nächsten Mal, wenn er gefordert wird, sich einfach nicht so sehr anstrengen. Er wird weniger Leistung bringen. Energie sparen. Und siehe da, das Gelernte bestätigt sich: Ihm passiert nichts, keiner kann ihm was. Die Autoritäten halten die schützende Hand über ihn, denn er ist ja schwach. Also verweigert er beim nächsten Mal erst recht die Leistung. Weil es so schön bequem ist.

Und wenn er jetzt vergleicht, wie es anderen geht, die sich anstrengen, dann sieht er: Denen geht's nicht besser! Die haben genau den gleichen Wohlstand wie er (»Es ist genug für alle da!«). Und dann merkt er, dass seine Position so sicher ist, dass er noch Forderungen stellen kann. Dass er frech und dreist werden kann. Und er lernt: »Wie geil ist das denn? Ich werde für Minderleistung sogar noch belohnt!«

Am Ende ist er ein fröhlicher Loser. Über die Jahre verlernt er komplett, eine angemessene Gegenleistung zu erbringen für die Leistungen, die er bezieht. Er ist chronisch erfolglos, aber genießt Wohlstand – jedenfalls im Vergleich zum Durchschnitt der restlichen Welt. Er hat gelernt, wie er Leistungen der Gemeinschaft in Anspruch nehmen kann, ohne Leistungen für die Gemeinschaft zu erbringen. Er ist ein mustergültiges Kind der Wohlstandsgesellschaft geworden. Ein Wohlstandsdodo. In anderen Worten: ein Schnorrer.

Auf dieser Psychodynamik beruht das Elend in unserem Land, in Dodoland. Der Verfall der Brücken und Schulen, die enorme Staatsverschuldung, die massive Geldverschwendung für unnütze Projekte im öffentlichen Dienst, die Verachtung gegenüber Leistungsträgern, dass Behörden und Gerichte endlos lange für Entscheidungen brauchen – alles das ist die Folge davon.

Und solche Dodos, die diesen Irrsinn im Hirn haben, bewerben sich dann bei mir in meinem Unternehmen.

Reich geboren

Wenn ich junge Leute mit einer Rolex rumlaufen sehe, bin ich immer geschockt. Ich frage mich: Wie kannst du noch keine dreißig sein und eine Uhr für ein paar Zehntausend Scheine spazieren führen? Mein erster Gedanke ist immer: Das muss ja ein Ass sein! Ein Überflieger! Ein junges Genie! Was macht der? Der muss ja unglaublich geschäftstüchtig oder fleißig oder clever sein …

Aber wenn ich dann Genaueres in Erfahrung bringe, dann hat er die Uhr von Papi zum Achtzehnten geschenkt bekommen.

Ein Mitarbeiter erzählt mir beim Mittagessen, dass er am Nachmittag los muss zum Autohaus, den Neuwagen abholen. Das Auto für die Tochter. Zum Abi. Einen Neuwagen! Wofür? Ich meine: Sicher müssen wir innerhalb der Familie nicht mit Gegenleistungen arbeiten. Nur tun es halt ein paar Scheine für einen Gebrauchtwagen auch, oder? Der Effekt ist nur der, dass die Tochter die Wertschätzung für kostbare Dinge verliert. Vielleicht hatte sie diese Wertschätzung auch nie dank Puderzucker-Erziehung.

Apropos Auto: Für meine Generation ist ein Auto ein unglaublich wertvolles Hilfsmittel. Wir wussten das zu schätzen und wissen es heute noch zu schätzen. Viele von den jungen Leuten heute, die ich kennenlerne, brauchen heute nicht nur kein Auto, sondern gar keinen Führerschein mehr. Darum haben sie auch keinen. Vor allem in der Großstadt. Deren Reichtum ist die Infrastruktur, die der Steuerzahler bereitstellt: Die kommen mit den Öffentlichen überall hin. Alles ist erschlossen.

Das Leben auf dem Land ist diesen Großstadtdodos völlig fremd geworden. Wenn sie im Fernsehen sehen, dass jemand auf dem Land einen Geländewagen fährt, beschimpfen sie ihn als Klimasünder. Dass der sonst sein Holz nicht aus dem Wald ziehen kann, mit dem er seine Hütte heizt, so weit denken Dodos nicht.

Und zur Arbeit fahren? Hahaha, die Unternehmen machen mittlerweile im Kampf um Arbeitskräfte die Standorte da auf, wo die potenziellen Mitarbeiter wohnen. Die Leute müssen nicht zur Arbeit, die Arbeit kommt zu den Leuten. Und außerdem kann ja seit Corona jeder locker auch vom Homeoffice aus arbeiten …

Während früher, als ich aufgewachsen bin, das eigene Auto für junge Leute der Horizont des Erstrebenswerten war, auch für mich, sind diese Wohlstandskids heute buchstäblich so reich geworden, dass sie kein Auto mehr brauchen. Ganz schön krass.

Und dann kommt ja noch ein Punkt dazu: Das Auto stehen zu lassen und die Öffentlichen zu nehmen, ist ja so gut für die Umwelt und fürs Klima. Dabei vergessen viele nur, dass auch die U-Bahn und sogar Elektrobusse Strom verbrauchen. Alleine die Berliner S-Bahn verbraucht 400 Gigawattstunden Strom pro Jahr.[3] Also 400.000 Megawattstunden. Daran denkt kein Umweltschützer, wenn er einsteigt. Und auch dass Bus und Bahn nicht einfach vom Himmel gefallen sind, ist den Leuten nicht klar. Irgendjemand hat diese Infrastruktur mal geschaffen! Wer? Keine Dodos, sondern Zupacker! Heute aber agieren die Kids so ignorant wie in dem blöden Witz: »Papa, als es noch keine Computer gab, wie seid ihr da eigentlich ins Internet gekommen?«

Von den Klamotten oder den Sneakern jenseits von 200 Euro will ich gar nicht anfangen. Übers Fliegen reden wir gleich noch. Fliegen ist ganz normal, wenn mal kein Lockdown ist. Während ich meine Ferien bei den Pfadfindern verbracht habe: Wir haben Zelte aufgestellt und Feuer gemacht. Auf dem Feuer haben wir dann Stockbrot gemacht, aus selbst gemachtem Teig. Das war auch ohne Bratwurst und ohne Ketchup lecker und hatte vor allem den Geschmack des Selbstgemachten. Wir waren echt stolz!

Außerdem können sich die jungen Leute heute aussuchen, wo sie arbeiten. Und wie sie ihre Ausbildungszeit verbringen. Meine Eltern haben mir gesagt: Junge, du musst studieren, um was zu werden. Ich habe aber nicht studiert, sondern ich habe harte Lehrjahre durchgeackert. Und ich bin trotzdem was geworden.

Und heute? Heute studieren die meisten, und du bekommst keinen Handwerker mehr, wenn du mal einen brauchst. Aber gleichzeitig muss keiner mehr studieren, um was zu werden. Die junge Generation heute, die müssen nichts mehr werden, die sind alle schon was, von vornherein. Die sind als Einwohner eines vermeintlich reichen Landes geboren – »vermeintlich«, weil dieses Kartenhaus sehr bald sehr böse crashen kann. Mit diesem Privileg können diese scheinbar reichen jungen Leute Sozialwissenschaften studieren oder Gender Studies oder was mit Literatur oder was mit Medien. Was halt Spaß macht, aber am Ende keine Wertschöpfung ermöglicht. Nichts von Substanz, verglichen mit Medizin oder Architektur. Ja, Leute, ich sage das absichtlich so provokativ. Und wenn sie dann auf dem Arbeitsmarkt aufschlagen mit ihrem Irgendwas-Abschluss, können sie genauso viel oder wenig wie die anderen. Aber das macht wieder nichts, weil die Unternehmen sowieso Schlange stehen, weil sie alle händeringend Arbeitskräfte suchen.

Wobei das Problem gar nicht so sehr ist, *irgendjemanden* einzustellen. Dodos, die dann im Büro rumschlumpfen und keine Ergebnisse erzielen, kriegst du an jeder Ecke. Das Problem ist, *gute Leute* zu kriegen. Leute mit Wumms in der Birne und mit Eiern. Die das Wort »Disziplin« nicht für eine psychiatrische Erkrankung halten.

Dann sitzt so einer also im Januar vor mir, ich will ihn einstellen, weil ich dringend Verkäufer brauche, er kann sofort anfangen und sagt: »Ja, aber anfangen kann ich erst am 1. Mai. Erst mal muss ich ans Rote Meer zum Tauchen, da ist jetzt die beste Unterwassersicht. Und im März bin ich immer zum Heli-Skiing in Kanada. Und dann muss ich ja umziehen. Und im April spiele ich noch mal ein Hallenturnier im Tennisclub. Also ab 1. Mai dann …«

Wissen Sie was? Es ist eine schlimme Entwicklung, dass gute Arbeitgeber mit soliden Geschäftsmodellen immer mehr »Employer Branding« praktizieren müssen, um sich bei Leuten einzuschleimen, die sich nur noch die Rosinen aus dem Kuchen picken und mit denen nichts mehr zu reißen ist. Ich jedenfalls mache da nicht mit.

Ich ja auch …

Dem Chef so ein Wunschkonzert vorzuspielen, das hätte ich mich nicht getraut, das schwöre ich Ihnen. Als ich als junger Kerl aus Amerika heimgekommen bin, hatte ich die Lehre als Groß- und Außenhandelskaufmann vor der Brust. Die hatte ich schon davor klar gemacht, noch bevor ich für ein Jahr über den Teich geflogen bin (nebenbei: die wichtigste Reise meines Lebens!). Aber als ich wieder in Europa war, musste ich drei Monate überbrücken, weil die Lehre nicht gleich anfing. Was habe ich also gemacht? Rumgehangen? Mit Rucksack nach Paris getrampt zum Kaffeetrinken? Nix da! Ich habe mir natürlich einen Job besorgt.

Heute scheint das fast undenkbar, aber ich wollte diese drei Monate echt nutzen. Zum Arbeiten. Meine Mutter sagte: »Du kriegst keinen Job. Dein Bruder studiert, und sogar der kriegt nix außer Taxifahren!«

Aber ich war ein guter Netzwerker, und deswegen dauerte es keinen Tag, bis ich Arbeit hatte: Ich kannte ein Lokal, und deswegen kannte ich den Inhaber. Der hatte einen gepflegten Schnauzbart und war Rennfahrer. Außerdem hatte der eine Disco, nur hatte die gerade die Lizenz verloren. Deswegen musste er den Laden in einen Club umwandeln, also einen Verein. Ich war damals genauso groß und breit wie heute und daher die Idealbesetzung, um am Eingang den Mitgliedsbeitrag zu kassieren: eine Mark. 50 Pfennig für ihn, 50 Pfennig für mich. So, und jetzt rechne: Jedes Wochenende kamen drei Tage hintereinander jeweils 500 Leute. Also 1500 Nasen. Macht jedes Wochenende 750 Tacken für mich. Drei Monate lang. Sind also 9000 Mark in harter Währung. Während andere Musik gehört und Joints geraucht haben.

O. k., tagsüber hatte ich ja noch Zeit. Also strich ich für einen Bauunternehmer für gutes Geld einen Metallzaun. Rost abschleifen, grundieren, lackieren. Tagelang. Von Hand. Einen Kilometer lang. Ungelogen. Abends an der Discotür sammelte ich mit blutigen Händen die Markstücke ein. Keine Übertreibung.

Mein Geld habe ich dann unter anderem in einen Müllsack voller Lacoste-Hemden investiert, 20 Mark das Stück. Die waren damals heiß begehrt. In der Disco habe ich die Teile für 35 Mark an die Gäste vertickt. Guter Schnitt. Waren die echt? Habe ich nicht gefragt und auch nicht behauptet. Und jede Menge Jungs haben sich mit dem kleinen Krokodil auf der Brust besser gefühlt als ohne.

Die Lehre begann, und nebenher machte ich in der Disco weiter. Ich wurde dann so eine Art Geschäftsführer und legte die Musik auf. Und weil ich dann in der Szene drin war, legte ich in zwei anderen Discos auch noch auf. 25 Mark die Stunde Cash in de Täsch. Meine Mucke schnitt ich immer auf Audiokassetten mit. Und die habe ich dann an Freunde und Bekannte verkauft. Noch mal was in de Täsch. Urheberrecht? War mir damals egal (wäre es heute nicht mehr). Ich war jung und wollte das Geld.

Das Ganze, die Lehre, die Nebenjobs, die Disco, das Verkaufen – das war alles brutal zeitaufwendig. Aber gut bezahlt. Und der Tag hat ja 24 Stunden, und die Woche hat sieben Tage. In der Zeit kannst du eine Menge reißen. Das gehört zu den vielen Dingen, die die Dodos nicht kapieren. Wenn sie überhaupt denken, dann denken sie, der Tag hätte nur acht Stunden.

Warum habe ich mir das gegeben? Warum habe ich mir dermaßen den Hintern aufgerissen, obwohl das niemand von mir verlangt hat außer mir selbst? Die Antwort ist einfach: In der Schule war ich nicht der Fleißigste, und ich wollte Millionär werden. Ich wollte Porsche fahren und frei sein. Frei sein heißt: unabhängig sein. Und ein bisschen wollte ich meinen Eltern zeigen, dass sie sich irren. Es muss nämlich keiner studieren, um im Leben was hinzubekommen. Dazu ist ein Studium überhaupt nicht nötig.

Und heute? Heute bin ich Millionär, bin unabhängig, fahre Porsche und schicke meinen Sohn nach Köln zur Uni. Ich will, dass er studiert. Ich sage ihm: Ich finanzier dir alles, aber du schließt mit einer Zwei vor dem Komma ab! Das ist der Deal.

Und eine Wohnung in Köln für den Jungen? Sportliche Herausforderung – aber ich bin halt auch ein guter Netzwerker. Ich kenne da jemanden. Also bekommt mein Sohn eine Einliegerwohnung in bester Lage. Für alles ist gesorgt, der Junge kann ohne Ablenkung studieren.

Seine Vermieterin schlägt mir vor: »Ich wecke dir deinen Jungen jeden Morgen und schicke ihn in die Uni!« Ich: »Lass mal. Der ist alt genug, der muss selber aufstehen.«

Ach was? Echt? Ich sorge für alles und er muss lediglich noch aufstehen? Hammer! Was machen wir denn da? Wir verhätscheln unsere Kinder! Ich ja auch, ich gebe es zu. Das muss unbedingt aufhören.

Ätsch, mir kann ja gar nix passieren!

Na klar: Ich kann jeden verstehen, der überfürsorglich wird, wenn es um die eigenen Kinder geht. Ich verstehe das, aber trotzdem: Überfürsorglichkeit ist im Endeffekt keine Stärke, sondern eine Schwäche.

Bei meinem Sohn bin ich da echt zwiegespalten und immer ein bisschen am Zweifeln gewesen. Habe ich das richtig gemacht? Ich will ihn ja immer unterstützen. Aber habe ich ihm jetzt zu viel Rasen weggemäht? Habe ich es ihm diesmal zu einfach gemacht? Das ist echt schwer. Du willst deinem Kind deine Liebe und Fürsorge geben, und gleichzeitig weißt du, dass du kein Weichei großziehen willst. Ganz ehrlich: Ich schaffe es wirklich nicht, so richtig hart gegen mein Kind zu sein. Und manchmal weißt du echt nicht, was das richtige Maß ist.

Aber dann sehe ich das Ergebnis: Er macht es großartig, er ist fleißig, er macht sein Ding, er fährt seine Erfolge ein, er nutzt seinen Kopf, er übernimmt Verantwortung, er hat auch den

Unternehmerweg eingeschlagen … – offenbar habe ich nicht alles falsch gemacht. Und wissen Sie, was die beste Erkenntnis ist? Ja, es ist möglich, mitten im Wohlstand Kinder großzuziehen, die keine Loser sind. Und die keine Dodos werden.

Nur, wenn ich mich umhöre, kann Ihnen jeder Unternehmer tausend Geschichten erzählen, was der immer volle Kühlschrank mit den Leuten macht: Chef bietet einem Mitarbeiter eine Erfolgsbeteiligung an – er fordert im Gegenzug gleich eine Unternehmensbeteiligung. Du stellst deinem Team eine Outdoor-Tischtennisplatte für Mittagspause und Feierabend auf den Hof – nach vier Wochen ist sie hinüber, weil keiner sich berufen fühlt, die Hülle drüberzumachen, wenn es regnet. Arbeitgeber stellt Mitarbeiter ein Auto zur Verfügung – nach einer Woche hat er beim Einparken einen Blechschaden reingefahren, aber hält es nicht mal für nötig, dem Boss Bescheid zu sagen, weil es ihm egal ist. Ist ja nicht seine Karre.

»Da bin ich ja nicht zuständig«, heißt die ständige Ausrede der Dodos, die für nichts und niemanden mehr Verantwortung übernehmen.

Oder: Ein Chef kauft Lebensmittel, damit sein Team gemeinsam mittags kochen kann – nach wenigen Wochen kocht nur noch einer, aber essen wollen alle. Also stellt der Chef einen Koch ein. Nach wenigen Tagen sieht es in Küche und Essraum aus wie die Sau, weil alle denken: Ah, der Koch kümmert sich jetzt um die Küche. Klar, keiner hat Bock sauber zu machen. Und die erste Frage des Bewerbers beim Einstellungsgespräch? Kennt jeder Unternehmer: »Was gibt's an Sozialleistungen?«

Also noch mal: Klar sind die Errungenschaften des Sozialstaats von der Idee her klasse: Niemand muss mehr auf der Straße leben. Und für die, die es aus welchen Gründen auch immer nicht gebacken kriegen, die Miete für eine kleine Wohnung aufzutreiben, gibt's immer noch Grundsicherung und Treberhilfe. Wer sich nicht völlig beknackt anstellt, hat ein Dach über dem Kopf. Das gilt sogar für die Faulsten.

Aber dieses Sicherungsnetz wird eben schnell zur Hängematte. In der sich die Dodos ausruhen. Und die sie als Vorwand dafür nehmen, nichts mehr *unternehmen* zu müssen, wie das beispielsweise *Unternehmer* tun – das Wort sagt ja schon, was Unternehmer ausmacht.

Wem die gebratenen Tauben jedenfalls nur so in den Mund fliegen, der wird dann auch noch schnell überheblich und respektlos. Für alles sollen andere die Verantwortung übernehmen oder bezahlen. Der Mitarbeiter kann fordern und fordern: Er wird ja gebraucht.

Und wird er ja auch. Und er ist sicher. Beispiel: Ein befreundeter Unternehmer stellt in der Produktion einen Mitarbeiter ein für eine leichte körperliche Arbeit, für die du außer ein bisschen Fleiß und Geschick nichts mitbringen musst. 35 Euro Stundenlohn, zusätzlich ein dreizehntes Gehalt, wenn das Unternehmen seine Ziele erreicht. Hammer! Das ist für den Mitarbeiter gegenüber seiner früheren Arbeitsstelle der doppelte Stundenlohn. Paradiesische Zustände, sage ich.

Nach ein paar Wochen kommt der Neue und sagt: Er will den Stundenlohn nicht mehr, er will genau die Konditionen wie an seinem vorigen Arbeitsplatz. Mein Freund versteht's nicht: »Hä? Aber du bekommst doch das Doppelte!« – »Nein«, sagt der Mitarbeiter, »ich kriege netto weniger raus. Die ganzen Zulagen sind jetzt weg.«

Zulagen? Was er meint, sind die Unterstützungen vom Staat – also Wohngeld und solche Dinge, die er früher obendrauf bekommen hat. Leute wie ich denken: Solche Transferleistungen kann man doch nicht mit einem regulären Job vergleichen! Und doch – klar wird das verglichen. Für den Mitarbeiter zählt am Schluss nur, wie viel Kohle auf dem Konto landet. Wo das Geld herkommt, ist ihm völlig schnuppe: Ob es im Sinne einer produktiven Wertschöpfung erwirtschaftet ist oder ob es aus Steuern finanziert ist, also aus der Arbeit anderer Leute, interessiert ihn null.

»Sorry«, sagt der Unternehmer. »Ich versteh zwar nicht, warum du netto weniger hast, aber ich kann dir das hier nicht nachbauen, was du hattest. Hier läuft es anders.«

Und dann? Tags drauf ist der Mitarbeiter krankgeschrieben.

Das Hickhack beginnt. Natürlich will der Unternehmer den Mann dann loswerden. Kann ich verstehen. Krankmachen, ohne krank zu sein, ist nämlich schlicht und einfach Betrug. Betrug am Arbeitgeber, Betrug an den Kollegen, Betrug an den Krankenkassen-Einzahlern: Alle müssen den Betrüger auf ihre Kosten durchfüttern. Es ist Betrug an der Solidargemeinschaft und darum im höchsten Maße unsolidarisch.

Aber der Mitarbeiter kennt seine Rechte. Beweis mal, dass einer blaumacht … – keine Chance. Irgendwann geht das vors Arbeitsgericht. Und wie jeder weiß, kannst du als Unternehmer vor dem Arbeitsgericht eigentlich nur verlieren. So was sagt natürlich keiner öffentlich, aber dann sage ich das halt! Nach ein paar Jahrzehnten Erfahrung als Unternehmer weiß ich: Dass du vorm Arbeitsgericht verlierst und der Mitarbeiter gewinnt, ist von vornherein so gut wie sicher, sofern sich der Mitarbeiter nicht übelst strafbar gemacht hat und das lückenlos bewiesen ist, sodass es auch der Dümmste kapiert. Es geht immer nur darum, wie viel du blechen musst. Gewinnen kannst du nicht. Ist nicht vorgesehen. Denn im Mindset von Richtern sind Arbeitgeber tendenziell die Bösen und Mitarbeiter die Guten.

Selbstverständlich holt der Mitarbeiter vorm Arbeitsgericht eine Abfindung raus. Der Unternehmer muss also de facto eine Geldstrafe dafür bezahlen, dass der Mitarbeiter blaugemacht hat. Klingt logisch.

Irgendwann bekommt der Unternehmer dann auch raus, warum der Mitarbeiter netto nur so wenig hatte: Er hatte sich nebenher bereits heimlich einen anderen Job besorgt, der andere Arbeitgeber hatte ihn umgemeldet, und der Job bei meinem Freund lief dann auf Lohnsteuerklasse 6 – logisch, dass da netto kaum mehr was rauskommt.

Darf der das? Nein. Macht er's trotzdem? Jepp. Ist das alles eine Sauerei? Klar. Kommt er damit durch? Selbstverständlich.

Aber es ist ja auch nur eine einzelne Geschichte. Der Punkt dabei ist der: Die Loser wissen ganz genau, dass Papi Staat die schützende Hand über sie hält. Das ist eine der wenigen Sachen, die sie in der langen Loserlehre, durch die sie gegangen sind, gelernt haben.

Die Unsitte mit den Abfindungen erzeugt nur eins: Verantwortungslosigkeit. Übrigens nicht nur bei einfachen Angestellten und Arbeitern. Warum brauchen Topmanager, die für ihren Konzern schlechte Ergebnisse erzielen, eine millionenschwere Abfindung, wenn sie endlich rausfliegen? Klaus Kleinfeld (* 1957) tritt in der Schmiergeldaffäre von Siemens zurück und kassiert Millionen von Euro.[4] Werner Seifert (* 1949) versaut bei der Deutschen Börse den Kauf der Londoner Börse und zieht mit einem Fallschirm von 10 Millionen nach Irland.[5] Klaus Zumwinkel (* 1943) von der Deutschen Post, Hans-Joachim Körber (* 1946) von Metro, Klaus Esser (* 1947) von Mannesmann, Peter Löscher (* 1957) von Siemens, Wendelin Wiedeking (* 1952) von Porsche – die Liste der millionenschweren Abfindungen ist endlos. Ohne Leistung.

Was soll das? Soll das Signal dieser »Vorbilder« an die Arbeitnehmer im ganzen Land sein, dass Scheitern und Schadenanrichten belohnt wird? Dass es kein Risiko mehr gibt, für das du bei der Arbeit Verantwortung übernehmen und den Kopf hinhalten musst? Dass am Ende immer andere dafür zahlen, wenn du selbst Mist baust?

Der Schutzanspruch

Das Gleiche wie bei den Abfindungen läuft bei den Arbeitszeugnissen: Versuch als Arbeitgeber mal, da deine ehrliche Beurteilung reinzuschreiben, wenn du mit dem Mitarbeiter nicht zufrieden warst. Du kannst gar nicht so schnell gucken, wie du dann vors Arbeitsgericht geschleift wirst.

Ja, ja, ich weiß, die Gesellschaft will den armen schwachen Arbeitnehmer vor dem bösen mächtigen Arbeitgeber schützen. Jeder Arbeitgeber macht die Lektion am Anfang durch. Der Rechtsanwalt lächelt dann nur müde und sagt: »Hey, Unternehmer, willst du recht behalten und dafür kräftig zahlen oder willst du deine Ruhe haben? Wenn du vom Gericht bestraft werden willst, schreib die Wahrheit ins Zeugnis. Wenn du deine Ruhe haben willst, musst du halt im Zeugnis lügen und dem schlechten Mitarbeiter ein gutes Zeugnis hinterherwerfen.« Und so machen es dann auch alle. Geht ja nicht anders.

Entsprechend sind Arbeitszeugnisse nichts mehr wert. Die Aussagekraft ist null. Oder liest irgendwer noch Zeugnisse? Jedenfalls niemand, der selber schon mal vom Anwalt des Arbeitnehmers mit Rückendeckung des Arbeitsgerichts zum Lügen erpresst wurde. Es ist wie bei den Bildungsabschlüssen: Weil alle Abitur bekommen, ist das Abitur nichts mehr wert. Und weil inzwischen sogar Dodos mit Hochschulabschluss daherkommen, die keinen klaren Satz mehr formulieren können und nicht wissen, was der Dreisatz ist, sind Hochschulabschlüsse nichts mehr wert.

Darum haben wir in Deutschland mittlerweile mehr Studenten als Azubis. Zum einen wegen der politischen Fehlsteuerung, zum anderen weil sich keiner mehr die Hände schmutzig machen will. Keiner will mehr schaufeln, alle wollen nur noch scheffeln.

Wir haben es exakt mit der Gleichmacherei zu tun, wie wir sie aus sozialistischen Systemen kennen. Und das ist alles kein Zufall – es ist so gewollt. Die Gesellschaft der Dodos, die große Mehrheit der Minderleister will das so. Am Anfang stand der Gerechtigkeitsgedanke. Der war zu Beginn der Industrialisierung sicher gut gemeint. Aber dann hat die Gesellschaft die Gerechtigkeit zur Gleichmacherei umgedeutet. Was ein kompletter

Denkfehler ist. Und diese Gleichmacherei ist eben nicht gerecht. Sie ist ungerecht.

Der Gedanke, alle Menschen seien gleich, findet sich mal wieder – genau – in kollektivistischen Systemen. Und klar: Sicher sind Menschen gleich viel wert, aber sie sind eben nicht gleich. Menschen sind verschieden. Kein Mensch ist wie ein anderer. Wenn die Menschen gleich sein sollen, wozu dann auch die ganze Diversity-Diskussion? So eine Gesellschaft aus unterschiedlichsten Menschen ist eben nicht uniformistisch, sondern vielfältig. Unterschiedliche Menschen haben eben unterschiedliche Bedürfnisse und auch unterschiedliche Begabungen und Stärken. Und das ist ja auch das Schöne daran.

Wie Sie wahrscheinlich wissen, haben die 68er die Gleichmacherei gepredigt. Die Unterscheidung in Hauptschule, Realschule und Gymnasium fanden sie ungerecht. Weil alle die gleichen Chancen haben sollten, sollten nach Ansicht der Linken eben auch alle Abitur bekommen, wenn sie wollten. Extreme Linke wollten eine Einheitsschule wie in der DDR, dem politisch linken Teil des geteilten Deutschlands: Dort gingen alle bis zum Abschluss der zehnten Klasse auf die »Polytechnische Oberschule« (POS) und qualifizierten sich für Facharbeiter- oder Krankenschwesterausbildungen. Danach gab es dann für wenige Kinder mit guten Noten und vorbildlichem »Immer-bereit!«-Rufen bei der »Freien Deutschen Jugend« (FDJ) noch zwei Jahre auf der »Erweiterten Oberschule« (EOS), auf der man Abitur machen konnte. In einer Gesellschaft der Gleichen wie der DDR waren die Privilegierten dann frei nach dem Buch *Farm der Tiere* von George Orwell (1903–1950) die »Schweine«, die »gleicher« waren als die anderen.

Es ist eine Ironie des Schicksals – aber in jedem sozialistischen System gibt es am Ende eine Elite, die über die anderen herrscht, obwohl angeblich alle gleich sind. Ob in China oder Kuba, ob in der alten Sowjetunion oder in der DDR: Die angeblich so schicke Gerechtigkeit ist eine einzige Lüge. Nicht das Kollektiv zählt, sondern der Parteisekretär. Am Ende steht eine unmenschliche Ungerechtigkeit.

1975 erschien ein Cartoon, den Sie vielleicht kennen – er stammt von dem Autor Hans Traxler (* 1929): Verschiedene Tiere – darunter ein Elefant, ein Fisch und ein Affe – hören vom Lehrer: »Zum Ziele einer gerechten Auslese lautet die Prüfungsaufgabe für Sie alle gleich: Klettern Sie auf den Baum!«

Das zeigt die Ungerechtigkeit der Gleichmacherei. Es ist nicht gerecht, alle gleich zu behandeln. Es schadet nicht nur dem Einzelnen, sondern auch der Gesellschaft. Denn wenn sich Lehrer nur am Durchschnitt ausrichten und blind sind für das, was der Einzelne kann, erkennen viele Kinder ihre Stärken gar nicht erst. Deren Potenzial kommt der Gesellschaft also gar nicht erst zugute.

Sehen Sie, dass das Phänomen der unbrauchbaren, weil glattgebügelten Arbeitszeugnisse kulturhistorisch mit der Gleichmacherei der Linken zu tun hat? Beides entspringt demselben Denken. Dem Dodo-Denken.

Das Problem ist dabei nicht einmal in erster Linie der Zwang und die Erpressung zum Lügen, sondern viel schlimmer: Wenn die Menschen in dieser Gesellschaft lernen und immer wieder bestätigt bekommen, dass ihnen nichts passieren kann, dann sind sie wie der Dodo, der keine natürlichen Feinde hat: Du verlernst zu fliegen. Du verlernst zu rennen. Du wirst fett, faul, dumm, und am Ende bist du ein wehrloses Opfer. Und wenn du dann doch mal irgendwann wieder was leisten musst, hast du's verlernt.

Der Anspruch, von Papi Staat geschützt und versorgt zu werden, ist mittlerweile schon so universell, dass fast alle sogar wollen, dass der Staat bei der Gesundheit alle Risiken für sie ausschließt. Das ist doch verrückt: Gesundheit ist doch die ureigenste Privatsache. Und jeder hat früher gewusst: Der sicherste Schutz vor Krankheit ist Gesundheit.

Hallo? Wenn ich für etwas selber sorgen kann, dann ja wohl für meinen Gesundheitszustand! Und das ist meine Meinung nicht nur in Bezug auf Covid-19, sondern auch in Bezug auf die Tausenden von anderen Krankheitserregern und Giften, die täglich um uns herumschwirren. Aber redet irgendjemand, irgendein Politiker oder Journalist gerade jetzt, wo es wegen der Pandemie dringend wäre, öffentlich darüber, dass du dich gesund ernähren sollst? Sport treiben? Dich an der frischen Luft und an der Sonne bewegen? Mit dem Rauchen aufhören? Weniger saufen? Endlich abnehmen? Nein, das sagt niemand, dabei könntest du genau damit gesund bleiben und schwere Krankheitsverläufe verhindern. Zig Studien und Statistiken belegen doch, dass Fettleibigkeit und ein schwaches Immunsystem die größten Risikofaktoren für schwere Krankheitsverläufe sind und das nicht nur bei Corona.

Ich wundere mich jeden Tag, dass die Gesundheit gerade in der Coronapandemie kein Thema ist. Alle reden über die Impfung. Keiner übers Abnehmen oder über gesunde Ernährung. Aber unabhängig davon, ob Sie sich impfen lassen oder nicht: Am Ende muss es eben doch Ihr Immunsystem schaffen, die Viren abzuwehren. Das ist auch der Sinn einer Impfung: das Immunsystem auf einen bestimmten Erreger aufmerksam machen. Aber dann muss es halt auch funktionieren. Und dazu muss das Immunsystem fit sein. Und dazu musst du gesund sein.

Wissen Sie, das Gesundheitssystem gibt ja eigentlich genug Stoff für ein eigenes Buch her. Da ist ganz massiv der Wurm drin. Der Fokus liegt immer noch auf dem Heilen, nicht auf dem Vorbeugen. Der Ansatz ist »kurativ«, nicht »präventiv«. Klar sollen Ärzte heilen! Ich sage ja nicht, dass sie das nicht sollen. Ich meine nur: Es ist Quatsch, jemandem Blutdrucktabletten zu verschreiben, wenn der Bluthochdruck vom Übergewicht kommt. Ich meine, klar – natürlich muss der Blutdruck erst mal runter. Aber insgesamt müssen die Kilos runter! Dann sinkt auch der Blutdruck.

Ich habe einen Kumpel, der kann Latein. Und der sagt: »Cessante causa cessat effectus.« Heißt: Wenn wir die Ursache besiegen, endet die Wirkung. Weil die Welt aus lauter Verknüpfungen aus Ursachen und Wirkungen besteht. Ist so! Strengen wir uns nicht an, kommt kein Geld rein – ganz einfach. Ursache – Wirkung. Bewegen wir uns nicht, nehmen wir zu. Ganz einfach! Und trotzdem doktern wir an der Wirkung rum und geben Rauchern Asthmasprays. Das ist Schwachsinn! Und zwar nicht nur im Gesundheitsbereich. Dieses einfache Prinzip von Ursache und Wirkung kapieren viele nicht in Dodoland. Manche lehnen jede Banalität ab, weil es dazu keine komplizierte Studie gibt.

Und in der Folge tun alle so, als ob Gesundheit eine Selbstverständlichkeit wäre. Manche denken sogar, sie sei ein Anrecht, ein Anspruch gegenüber dem Staat. Das ist doch völlig irre!

Der Kumpel übrigens, der Latein kann, der war letztens mal beim Zahnarzt. Zum ersten Mal seit 25 Jahren! Er ist halt Zahnarztphobiker. Hat eine Scheißangst vor dem Bohrer. Vor ein paar Jahren ist ihm eine Füllung rausgefallen, aber er hat sich nicht zum Zahnarzt getraut. Und irgendwann kamen die Zahnschmerzen. Dann war der äußere Druck stärker als die innere Abwehr, und er ist hingegangen. Er war in einem sogenannten Dilemma: Er hatte die Wahl zwischen kaltem und warmem Kuhmist zum Mittagessen.

Die Zahnärztin hat meinem Kumpel übrigens nicht einfach Ibuprofen gegeben, ihn also rein symptomatisch behandelt. Sondern sie hat seinen Steinbruch mit zwei Spritzen unter lokale Betäubung gesetzt und den ganzen Schmodder aufgebohrt. Durch ihre Lupenbrille hat sie rasch gesehen, dass eine Wurzelkanalbehandlung nötig war – die Karies hatte sich fast bis zum Kiefer durchgefressen. Und dann kam die Wurzelkanalbehandlung, in mehreren Terminen. Da kratzt die Zahnärztin mit nadeldünnen Feilen die Nerven aus der Zahnwurzel. Sie zieht dann so rote, schleimige Fäden raus. Normale Menschen stehen da nicht drauf. Aber mein Kumpel hat es durchgemacht und am Ende eines verstanden: Er war an allem selber schuld.

Nicht die Wirtschaftslage war schuld, nicht die blöde Nachbarin, nicht der doofe Vermieter, nicht das Coronavirus. Nicht mal Karl Lauterbach (* 1963). Sondern nur er ganz alleine. Weil er das Prinzip von Ursache und Wirkung zwar kennt, sich aber nicht darum gekümmert hat, die Stellschraube »Ursache« richtig einzustellen. Er hat sich wie ein Dodo benommen, und trotzdem hat seine Krankenversicherung natürlich so gut wie alles bezahlt.

Und so denken Dodos eben: Selber für die eigene Gesundheit zu sorgen, wäre ja anstrengend, da bräuchte es Fleiß und Disziplin. Gesund sein wollen, ohne etwas dafür zu tun, mit dem Finger auf Politiker zeigen und Ansprüche gegen den Staat erheben, geschützt werden zu wollen: Wissen Sie, wie ich das finde? Das finde ich krank. Es ist eine Verliererhaltung.

Loser gehen genau dann in die Loserlehre, wenn die Gesellschaft um sie herum keine Leistungsgesellschaft ist. Wenn es keine Leistungskultur gibt, sondern eine Kultur des leistungslosen Einkommens, der unverdienten Privilegien, des Wohlstands ohne Anstrengung, des Anspruchs auf Gesundheit trotz ungesunden Lebenswandels, des Bevorzugens und Verhätschelns der Schwachen, der überzogenen Belastung der Leistungsträger.

In einer solchen Kultur lernen schon die Kinder, dass es sich lohnt, erst mal Ansprüche zu stellen, bevor sie auch nur einen Finger krumm machen.

Und das muss aufhören.

3

Erst scheffeln, dann schaufeln?

Das Thema »Ansprüche« ist ja sowieso ganz heiß. Um es mal deutlich zu machen: Ich finde es völlig o. k., Erwartungen zu haben und Forderungen zu stellen. Ich finde es total in Ordnung, zu versuchen, den Aufwand zu minimieren und den Ertrag zu maximieren. Ich finde es gut, den Weg des geringsten Widerstands zu suchen. Das alles ist nicht das Problem! Das Problem ist, dass die Leute ihre Erwartungen und Forderungen so ohne Weiteres erfüllt bekommen. Dass sie den Ertrag erhöhen können, ohne dafür den Aufwand bringen zu müssen. Dass sie keinen Widerstand mehr spüren auf ihrem Weg, dass sie kein Kontra mehr bekommen. Dass sie keine Gegenleistung mehr erbringen müssen, dass sie nichts mehr anbieten müssen für das, was sie haben wollen.

Ich sehe das am besten in den Vorstellungsgesprächen, also wenn sich Leute bewerben. Da bekomme ich nämlich einen ganz guten Einblick und Überblick in den Querschnitt unserer Gesellschaft.

Da war neulich so ein adretter, fein angezogener, keine Miene verziehender Bursche bei mir während des Lockdowns im Zoom-Call, um sich auf eine Stelle zu bewerben, die ich ausgeschrieben hatte. Er wirkte ziemlich introvertiert, fast schon schüchtern. Das wäre bei dem Job aber auch kein Problem.

Das Gespräch läuft gut. Er antwortet präzise auf alles, was ich frage. Inhaltlich passt alles. Dann geht es ums Gehalt. Er will monatlich brutto 4.800 Euro. Ich frage, was er davor hatte. Er sagt: »Viertausend.«

Ähm, Moment. Wie jetzt? Der sucht eine Arbeit und will dafür eine Gehaltserhöhung um zwanzig Prozent? Bitte? Aufgrund welcher Leistung?

Ich muss lachen und frage ihn, ob er Poker spielt. Er versteht nicht. Ich sage: »Man kann's ja mal versuchen.« Aber ich biete ihm monatlich 4000 Euro an – also exakt das Gleiche, was er vorher hatte. Und ich schlage vor: Nach der Probezeit setzen wir uns hin und reden noch mal übers Geld. Vielleicht können wir dann über eine Leistungskomponente sprechen.

Ich bin gespannt, wie er reagiert, weil er mit seinen Ansprüchen ja keinen Millimeter weit gekommen ist. Und wissen Sie, was er macht? Er sagt, ohne mit der Wimper zu zucken: »In Ordnung.«

Das heißt: Er hatte gar nicht wirklich einen hohen Anspruch oder eine hohe Erwartung. Sondern er wollte einfach nur mal testen, ob was rauszuholen ist. Er hat seinen Spielraum ausgelotet. Und, hey, das ist doch völlig okay, oder?

Mehr Nein, mehr Nein, mehr Nein!

Was es in so einer Situation braucht, ist ein entschiedenes Nein von der anderen Seite. Aber genau das bekommen die Anspruchsteller heute zu selten. Finde ich. Wenn du in einer Kultur lebst, in der sich keiner mehr traut, dir ein Stoppschild vor den Bug zu setzen, lernst du schnell, dass du um nichts mehr kämpfen musst. Die Leute lernen: Sie bekommen, was sie fordern. Mehr braucht es nicht. Irgendwann bist du richtig gut im Fordern – und so richtig schwach im Leisten.

Und ja, ich bin nicht nur für mehr Neins. Sondern auch dafür, dass die Leute dann irgendwann auch mal ein deutliches

Ja bekommen: nämlich genau dann, wenn sie es verdient haben. Wenn sie die Gegenleistung erbracht haben.

Mir geht's nämlich überhaupt nicht darum, dass junge Leute – oder Mitarbeiter generell – weniger bekommen. Im Gegenteil: Ich will, dass jeder Mitarbeiter bei mir möglichst viel verdient. Aber »verdient« ist dann eben auch das Stichwort: Erst verdienen, dann bekommen. Mir geht's um die Reihenfolge. Ich bin der Meinung, dass vor dem Haben das Geben kommt. Nennt mich altmodisch, aber anders funktioniert es auf Dauer nicht.

Ja, die Gewinner laufen die Extrameile. Und die sind außerdem auch »Geber«. Die leisten erst mal was, bevor sie was verlangen. Und die anderen? Das sind die Loser. Und wenn Sie die Augen aufmachen und mal genau hinschauen, werden Sie erkennen: Die allermeisten Loser sind »Nehmer«.

Wohnungssuche per Tinder – warum nicht, wenn's funktioniert?

Und damit meine ich nicht nur das Gehalt. In den Vorstellungsgesprächen geht es ja irgendwann immer um die sogenannten Rahmenbedingungen: Wie viele Tage Urlaub? Was gibt's sonst noch an Sozialleistungen? Gibt's Handy? Laptop? Tankkarte? Kann ich auch nur vier Tage die Woche arbeiten? Kann ich auch von zu Hause aus arbeiten? Den einen Teil der Arbeit will ich eigentlich nicht so gerne machen – kann ich auch nur den anderen Teil machen?

Ich habe überhaupt kein Problem damit, wenn die Bewerber das alles abklopfen. Aber nur weil sie fragen, komme ich ihnen halt noch lange nicht entgegen. Und gerade bei den allzu Forschen merke ich dann oft, wie sie zurückrudern, weil sie den Job nämlich dann doch haben wollen.

Dass viele junge Leute einfach mal versuchen, clever so viel wie möglich für sich rauszuholen, ist ja nicht nur beruflich so.

Neulich habe ich eine nette junge Frau kennengelernt, die für den Job bei mir extra aus der südöstlichsten Ecke Bayerns zu uns kurz vor die niederländische Grenze ziehen müsste.

Ich finde, das ist schon ein Schritt. Sie war für das Vorstellungsgespräch mit ihrem Freund für ein paar Tage angereist, auch um bei der Gelegenheit gleich die Gegend zu erkunden und den Wohnungsmarkt am Niederrhein zu checken. Fand ich clever.

Den Freund fand ich auch nett. Aber dann wurde klar, dass der Job bei mir bedeuten würde, dass die beiden künftig 800 Kilometer auseinanderwohnen. Ich gebe zu: Das hat mir schon ein bisschen ein schlechtes Gewissen gemacht. Ich war schon versucht zu fragen, ob auch er einen Job sucht. Aber ich weiß ja, dass Pärchen am Arbeitsplatz oft Probleme machen. Und ihr Privatleben geht mich ja auch eigentlich nichts an.

Jedenfalls habe ich der jungen Frau folgendes Angebot gemacht: Du kommst jetzt mal für 14 Tage hierher und arbeitest auf Probe. Ich bezahle dir die Zeit und das Hotelzimmer. Und danach entscheiden wir, wie es weitergeht. Weil ich will, dass sie sich sicher ist, wenn sie hierherzieht. Und ich will auch sicher sein, dass der Job und sie zusammenpassen.

So haben wir es gemacht. Und sie hat gut gearbeitet und wollte anfangen.

Vor dem Jobantritt hat sie dann eine Wohnung gesucht. Und das ist gerade richtig schwierig. Sie hat dann was im Ruhrgebiet gefunden und fragte mich, weil ich mich vor Ort ja auskenne, ob das gut sei. Ich sagte: »Hey, pass auf, das ist keine gute Idee. Da hast du morgens eine Dreiviertelstunde Stau und abends eine Dreiviertelstunde Stau. Das würde ich mir noch mal überlegen.«

Okay, also suchte sie weiter. Kurz vor dem ersten Arbeitstag ruft sie mich dann an und sagt, sie habe jetzt eine Wohnung gefunden. Super Lage. Ich frage: »Wie hast du das denn gefunden?« Sie: »Ich habe einfach in Tinder gesucht.« Ich: »Tinder? Da findest du 'ne Wohnung? Ich dachte, da findest du jemanden für die nächste Nacht.« Und sie: »Ja, genau. Ich habe da einen Kerl kennengelernt, jetzt mache ich mit meinem Freund Schluss und ziehe bei dem Neuen ein.«

Ich habe wohl erst mal eine Weile gar nichts mehr gesagt. Was echt selten vorkommt. Sie fragte mich, ob ich noch dran sei. »Klar«, sagte ich, »ich höre.« Sie meinte, dass das wohl erst mal der einfachste Weg sei: Keine Wohnung suchen müssen, mit Koffer einziehen, irgendwann mit Koffer wieder ausziehen, keine Anstrengung, keine Verantwortung, kein Risiko. Und nachts nicht alleine pennen. Ein Volltreffer! So sind auch die 800 Kilometer kein Problem.

Ja, ein Volltreffer. Der Weg des geringsten Widerstands eben.

Manchmal denke ich: Diese Generation spielt mit dem Leben, als sei das Ganze ein Computerspiel. Alles kommt auf die leichte Schulter. Tiefgang? Fehlanzeige. Verbindlichkeit? Nada. Das Motto ist: Man kann's ja mal versuchen. Wenn keiner Nein sagt, heißt das Ja, und weiter geht's. Sagt jemand Nein, dann denkt auch niemand über die Gründe nach, sondern dann wird ein Workaround gesucht – man umgeht das Problem. Und stellt dann die nächste Forderung. So geht es von Level zu Level wie beim Gaming.

Ich bin ja nicht zimperlich, und ich gestehe auch jedem eine gewisse moralische Flexibilität zu. Aber das fand ich dann schon heftig. Irre, wie sich die Gesellschaft in nur einer Generation verändert hat.

Nehmt doch das Pferd!

Tja, und wenn du in allen Lebensbereichen dermaßen geübt im Fordern bist, dann forderst du halt auch mal im ganz großen Stil hüpfend und schreiend, dass die Elterngeneration gefälligst die Umwelt und das Klima und überhaupt alles in Ordnung bringen soll.

In den Urlaub fliegen möchten sie dann allerdings trotzdem gerne. Einmal Düsseldorf–Mallorca–Düsseldorf? Erzeugt 750 Kilogramm Kohlendioxid (CO_2) pro Person. Düsseldorf–New York und zurück? 3,65 Tonnen CO_2. Pro Nase.[6] Aber macht ja nichts. Schuld am Klimawandel sind nicht die Jungen, sondern wir, die »Alten«.

Im Winter Obst und Gemüse aus dem Süden essen, das ist auch ganz normal. Was glauben die Leute, wo die Avocados herkommen? Klamotten aus Amerika, in Asien hergestellt? Selbstverständlich. Ach, und das neueste iPhone, bitte – selbstverständlich »designed in California« und »assembled in China«. Dann noch jede Menge zukünftigen Elektroschrott in Gestalt von Gaming-PCs, Gaming-Bildschirmen, Gaming-Kopfhörern, Gaming-Sesseln. Dann jede Menge Zeug, das übel produzierte Batterien braucht: Bluetooth-Tastaturen, Airpods, Musikboxen. Und überhaupt laufen weltweit die Server heiß durch Whatsapp, Instagram und Tiktok – aber macht ja nichts, der Strom kommt ja aus der Steckdose, auch wenn's windstill und dunkel ist. Dass das Internet einen unfassbaren Energieaufwand erfordert, interessiert keinen. Wäre das Internet eine Region, stünde es in Sachen Energieverbrauch an sechster Stelle hinter China, den USA, der EU, Indien und Japan.[7]

Und so nehmen halt alle in Anspruch, was die Eltern- und Großelterngeneration so entdeckt, erfunden und produziert hat. Elektrizität, Vernetzung über Kabel und Satelliten – ohne es zu hinterfragen. Ohne zu überlegen, dass irgendwann Bagger mit Dieselmotoren die Kabel verbuddelt haben. Oder dass die Rohstoffe für die elektronischen Bauteile ohne massiven technischen Aufwand gar nicht verfügbar wären. Die technischen Errungenschaften sind willkommen, und trotzdem ist diese Entwicklergeneration böse. »Meine Oma ist 'ne alte Umweltsau«, hat der Kinderchor vom Westdeutschen Rundfunk 2019 gesungen – aber was so eine internetbasierte Mediathek an Strom verbraucht, darüber singt der WDR-Kinderchor nicht.

Noch mal: Ich finde es ja ganz nett, wenn die Fridays-for-Future-Kids friedlich für ihre Forderungen demonstrieren. Das sind wenigstens keine Mir-doch-alles-egal-Schluffis. Denn Ziele haben sie immerhin, was ja auch schon selten geworden ist. Schwierig finde ich es, wenn »Aktivisten« eine Autobahn blockieren wie zum Beispiel Ende Januar 2022 in Berlin und dabei einen Rettungswagen mit Blaulicht nicht durchlassen.[8] Oder wenn sie wie »Extinction Rebellion« in London die U-Bahn blockieren und verhindern, dass der wertschöpfende Teil der Bevölkerung rechtzeitig zur Arbeit kommt.[9] Sich anzumaßen, es besser zu wissen als die anderen – das ist halt schon Fanatismus und zeugt davon, dass diese Aktivisten das Prinzip der Wertschöpfung nicht verstehen. Ein bisschen wohltuend ist es dann schon, wenn ausgerechnet der grüne Landwirtschaftsminister Cem Özdemir (* 1965) solche Blockaden als Erpressung bezeichnet, obwohl die Blockierer für eine urgrüne Sache eintreten.[10]

Und trotzdem liegt mir nichts daran, eine ganze Gruppe in eine Schublade zu stecken und zu verurteilen: Natürlich gibt es darunter viele ernsthafte Klimaschützer, die nicht nur fordern, sondern selbst auch Plastik vermeiden oder mal das Fahrrad nehmen oder aufs Fliegen verzichten. Mir geht es hier um die grundsätzliche Haltung, nämlich diese übertriebene Anklage- und Forderungshaltung und die damit verbundene Selbstgerechtigkeit und Doppelmoral, die mir da allzu oft im großen Stil entgegenschlägt.

Und da frage ich mich, und das ist der eigentliche Punkt, warum sich keiner traut, denen einfach mal ein deutliches Nein entgegenzusetzen. Ein Nein, das sagt: Wenn ihr fordert, dann liefert auch mal. Also: Warum fragen Eltern, Lehrer, Journalisten und Politiker die Klimaaktivisten nicht, was sie schon so erfunden und produziert haben? Welche Geschäftsideen sie schon hatten? Mit welchen cleveren Entwicklungen sie das Leben der

Menschen vereinfachen? Oder auch nur, womit sie ihr Geld verdienen? Was sie schon geleistet haben?

Wenn sie den guten alten Wert der Verbindlichkeit ernst nehmen würden – also zu sagen, was sie tun, und zu tun, was sie sagen –, hätte keiner der »Aktivisten« ein Smartphone angesichts der seltenen Erden, die darin verbaut sind. Ob recycelt oder nicht.[11] Ihr wollt konsequent sein? Ja, dann geht doch zur Klimakonferenz zu Fuß. Oder reitet von mir aus mit dem Pferd. Und zieht aufs Land und baut euer Essen ökologisch sauber an. Finde ich gut. Versucht's doch mal.

Und wenn ihr dann irgendwann Hunger habt und friert, dann reden wir noch mal. Um mal den bekannten Spruch der Umweltbewegung zu bemühen, als »Weissagung der Cree« bekannt: Wenn das letzte Geld vom Konto runter ist, das letzte Stück Holz verheizt, der letzte Fahrradreifen durchgewetzt, das letzte Gemüse von Käfern gefressen, werdet ihr merken, dass man von Idealen nicht leben kann.

Jede Menge »alternative Gemeinschaften« zerbrechen irgendwann – auch wegen der Kohle.[12] Solange nicht Einzelne normal berufstätig sind und ihre Gehälter in dem »Wohnprojekt« versenken. Weil einfach null ökonomischer Sachverstand da ist. Und weil viele der Idealisten keinen Gedanken daran verschwenden, wie sie für andere einen Nutzen generieren können. Weil sie nur um sich selbst kreisen. Viele vergäßen, »dass ein solches Projekt ein unternehmerisches Vorhaben« sei, zitiert der *Tagesspiegel* den Geschäftsführer der »Stiftung trias«, Rolf Novy-Huy.[13]

Na klar will ich auch in einer intakten Umwelt leben. Ich will auch keine Gifte im Boden. Ich will auch saubere Luft und sauberes Wasser. Ich will auch Tier- und Pflanzenarten erhalten. Ich will auch gesundes Essen. Ich will auch eine umweltschonende Energieversorgung. Ich will, ich will, ich will. Merken Sie was? Ich kann echt viel wollen. Aber Wünsche erfüllen sich nicht durchs Wünschen! Das Fordern führt erst mal zu gar nichts! Wie geht es also dann? Und jetzt, liebe »Klimagemeinde«, müsst ihr ganz, ganz tapfer sein.

Ohne Wertschöpfung kein Umweltschutz

Der Schlüssel für diese ganzen Fragen ist die erwähnte Wertschöpfung. Jemand muss eine gute Idee haben und daraus etwas entwickeln. Zum Beispiel die richtigen technischen Verfahren für die Industrie. Und das machen keine NGOs. Sondern das leisten Unternehmen. Die Menschen in solchen Unternehmen ticken völlig anders als die »Fridays-for-Future«-Kids. Diese Expertinnen und Experten sind ergebnisorientiert und fachlich top. Diese Leistungsträger haben nämlich gar keine Zeit zum Demonstrieren. Die Leute *arbeiten*! Vielleicht erinnern Sie sich an das Wort.

Und die, die arbeiten, vertreten ein ganz bestimmtes Konzept: das der Wertsteigerung. Die beziehen keine alte Hütte und leben so lange von der Substanz, bis alles zusammenbricht. Wie auf Kuba. Sondern sie gehen mit den Dingen sorgsam um und schauen, dass sie den Wert steigern. Wie in der Schweiz. Das ist ein marktwirtschaftliches Prinzip! Darum haben wertschöpfende Menschen meistens auch was Ordentliches gelernt und sind zum Beispiel Ingenieure oder Gärtner. Oder Restaurateure. Oder zahnmedizinische Fachangestellte. Nur ganz im Ernst: Ich kenne keinen einzigen Ingenieur oder Chemiker, der fürs Klima demonstrieren geht. Außer er ist Lehrer oder sonst wo im öffentlichen Dienst. Wirkliche Leistungsträger finden sich da nicht.

Und wenn man diese ganzen Zusammenhänge nicht kapiert und das Prinzip der Werterhaltung als böse, »neoliberal« und »kapitalistisch« verteufelt, dann wird das eben nichts mit dem Naturschutz und dem Klimaschutz. Konkret: Naturschutz musst du dir leisten können. Darum waren und sind ja auch die sozialistischen Länder des früheren Ostblocks oder heute China die größten Dreckschleudern. Während in den Ländern, die marktwirtschaftlich Wohlstand erwirtschaften, auch genügend Mittel und Technologien vorhanden sind, um die Natur immer besser zu schützen, was seit Jahrzehnten auch immer besser klappt.

Nehmen wir ein Beispiel: das Waldsterben. Klar war der »Saure Regen« in den Achtzigern keine Hysterie, nur weil er heute kein Thema mehr ist. Die Ursache war Schwefeldioxid (SO_2), hat mir mal ein Chemiker erklärt, ausgestoßen vor allem von Kohlekraftwerken. Das hat sich in den Wolken mit dem Wasser verbunden und wurde »schweflige Säure« (H_2SO_3). Die hat's dann geregnet, und der Wald wurde sauer, im doppelten Sinne. Warum ist das Problem erledigt? Weil die Industrie Filter eingebaut und das SO_2 chemisch gebunden hat. Mithilfe cleverer technischer Verfahren. Und dafür brauchen sich meine Generation und die unserer Eltern nicht von einem Kinderchor als »Umweltsäue« beschimpfen zu lassen.

Wer also wirklich was tun will für Umwelt und Klima, sollte nicht Soziologie, was mit Medien oder »Gender Studies« studieren, sondern lieber Chemie. Oder Maschinenbau. Und er sollte lernen, wie man Geschäftsideen entwickelt und ein Unternehmen aufbaut. Nehmen Sie einfach nur die Rauchgasentschwefelung als Beispiel. Am Ende wird das SO_2 meistens zu Gips, also zu Calciumsulfat ($CaSO_4$). Die chemische Reaktion gelingt mit gelöschtem Kalk. Leute, die solche Verfahren entwickeln, brauchen wir. Und dann brauchen wir Leute, die solche Verfahren in die Serienreife bringen und verkaufen. Schreihälse brauchen wir nicht.

Also klar: Die Umweltbewegung war laut und hat auf das Problem aufmerksam gemacht. Aber gelöst haben es Naturwissenschaftler. Und Unternehmen. Für Geld. Obwohl Geld angeblich böse ist. Und diese Experten sind auch noch überdurchschnittlich gut bezahlt. Weil sie es schlicht verdient haben. Wer kann etwas dagegen haben?

Für Naturschutz und gleichzeitig gegen die Wirtschaft zu sein, wie diese im Kern sozialistische Klimabewegung mit ihren steuerfinanzierten NGO-Arbeitsplätzen, ist darum ziemlich bescheuert. Das können wir Unternehmer doch ruhig mal laut und deutlich sagen, auch wenn die Empörung dann groß ist. Leistungsträger sind ja sowieso immer die Bösen.

Identitätspolitik und »Teilhabe«

Was mir auch furchtbar auf den Wecker geht, sind die Ansprüche, die immer mehr Leute daraus ableiten, wer oder was sie sind, anstatt sich mit Fleiß die Ansprüche erst mal zu verdienen. Das passende Modewort lautet »Teilhabe« – was nichts anderes bedeutet, als etwas haben zu wollen, ohne etwas dafür zu leisten. Bei dem Wort »Teilhabe« geht es nur darum, dass jemand was haben will. Er will auch ein Stück vom Kuchen. Dass jemand den Kuchen backen muss, fällt unter den Tisch.

Das geht dann so: Weil ich weiblich, schwul, lesbisch, farbig, muslimisch oder was weiß ich bin, weil ich irgendwoher geflüchtet bin oder weil ich weiß Gott welcher Minderheit angehöre, habe ich einen bestimmten Anspruch. Dabei ist doch völlig egal, welches Geschlecht, welche Hautfarbe, welche Religion jemand hat, wo jemand herkommt oder mit wem er was im Bett macht. Das geht doch niemanden was an!

Und natürlich sind Menschen unterschiedlicher Ethnien, Geschlechter und Glaubensbekenntnisse gleich viel wert. Wie sehen Sie das? Also ich halte es mit Artikel 3 des Grundgesetzes: »Alle Menschen sind vor dem Gesetz gleich.« Dass Menschen unterschiedlich sind, hatten wir schon – aber vor dem Gesetz sind sie gleich. Das heißt: Hautfarbe, Geschlecht, sexuelle Orientierung oder Religion sind niemals Gründe, jemanden zu benachteiligen.

Also ich sehe das so. Auch als Arbeitgeber. Wer sich mein Team anschaut, kann mir nicht vorwerfen, dass die Abkürzung »m/w/d« für mich heißen würde: »männlich/weiß/deutsch«. Als

Geschäftsmann mit meiner starken Orientierung in Richtung USA schon mal gar nicht.

Die aber, die sich für »Teilhabe« einsetzen und Privilegien an Leute verteilen wollen, *weil* sie einer bestimmten Ethnie oder Glaubensrichtung angehören, die sehen das nicht so. Diese Vertreter der sogenannten Identitätspolitik bevorzugen die einen und benachteiligen die anderen. Das widerspricht dem Grundgesetz massiv, und es ist tatsächlich ungerecht, aber das ist unserer Öffentlichkeit völlig schnuppe.

Die entscheidende Frage geht bei der Debatte über die Gleichbehandlung unterschiedlichster Menschen völlig unter: Was hast du geleistet, das dich dazu berechtigt, Ansprüche zu stellen?

Also auch hier noch mal: Ja, die Solidargemeinschaft muss für die sorgen, die nicht für sich selbst sorgen können. Aber muss sie auch für die sorgen, die für sich selbst sorgen könnten, es aber nicht wollen? Weil sie keinen Bock darauf haben, Dodos sind und gelernt haben, dass sie durch reines Fordern alles kostenlos kriegen? Und da werde ich dann halt auch mal ärgerlich.

Ich habe mal einem fitten, jungen Obdachlosen am Bahnhof angeboten, dass er mir für 30 Euro das Auto waschen kann. Wie, glauben Sie, hat er reagiert? Ganz genau. Er hat abgelehnt. Wäre ich ein Dodo, würde ich das auch ganz normal finden: Schließlich hat er gelernt, dass er auch ohne Leistung irgendwie überlebt. Wozu sollte er sich anstrengen, wenn doch die Leistungsträger die ganze Arbeit machen und die Gesellschaft zusammenhalten? Und wenn man die dann auch noch als böse Kapitalisten beschimpfen kann? Zumal der Umsatz als Bettler auch gar nicht so schlecht ist: 8 bis 12 Euro die Stunde gibt ein Bettler aus Fulda als Einnahmen an.[14] Nett, oder? Macht bei 40 Stunden in der Woche 400 Euro die Woche und also 1600 Euro im Monat. Ohne Finanzamt. Während Leute wie ich ackern und Steuern bezahlen. Wer, bitte, ist hier egoistisch und unsolidarisch?

Ein verwandtes Phänomen erlebe ich bei der Diskussion um das »bedingungslose Grundeinkommen« (BGE): Haben wollen das viele. Aber bezahlen will es keiner. Ich auch nicht. Ich bezahle niemanden ohne Gegenleistung. Wozu auch? Wer Geld ohne Gegenleistung fordert, hat das Prinzip »Geld« nicht verstanden und wäre in einem sozialistischen System vermutlich besser aufgehoben. Und ich weiß, dass das jetzt so klingt wie der alte Satz: »Geh doch nach drüben!« Diesen Spruch haben Dodos übrigens auf beiden Seiten des Eisernen Vorhangs gehört. Auch wer in der DDR nur rumhängen wollte, hatte ein Problem.

Wenn man es zu Ende denkt, funktioniert das BGE nicht. Denn das Geld muss irgendwo herkommen. Irgendjemand muss es erwirtschaften. Dahinter steckt also eine Leistung, irgendeine Form von Wertschöpfung.

Stellen wir uns vor, wir haben eine Gruppe von hundert Leuten, die im Wald ein Dorf bauen. Völlig autark, also ohne Verbindung zur Außenwelt. Es gibt Ärzte, Bäcker, Bauern, Architekten, Ingenieure, Mathematiker und viele andere Fachleute. Geld gibt es erst mal nicht. Erst machen sie komplizierte Ringtauschgeschäfte. Also die Bauern stellen den Müllern Getreide bereit, die Müller den Bäckern Mehl, die Bäcker allen Brot – und so weiter. Die Arbeit verteilt sich so, dass alle ein Haus, Werkzeug, Kleidung und etwas zu essen haben. Aber das Ganze funktioniert nur dann, wenn auch alle arbeiten. Wenn plötzlich manche die Arbeit einstellen, fehlt ihre Produktivität. Und sie können nicht überleben.

Weil die Tauschgeschäfte meistens ungenau sind, etabliert das Dorf eine Zentralbank und gibt eine begrenzte Geldmenge aus. Dieses Geld dient als Medium. Ein Brot kostet 5 Taler, ein Haus 20.000. Wenn alle produktiv sind, können alle von etwas leben. Und es zeigt sich schon mal: Die Legende der Linken, wenn einer reich wird, würden andere im Gegenzug verarmen, ist völliger Unfug. Im Gegenteil: Wenn alle produktiv sind und Werte schaffen, wird die Gruppe gemeinsam reich. Die Zentralbank muss irgendwann mehr Geld emittieren, damit die Geldmenge der erwirtschafteten Leistung entspricht. »Geldmenge und Gütermenge müssen in der Volkswirtschaft im richtigen Verhältnis stehen«[15] – diese Aussage der Bundeszentrale für politische Bildung gilt auch in unserem Dorf im Wald.

Und jetzt kommt in dem Modelldorf im Wald jemand auf die Idee, ein BGE einzuführen. Weil alle Steuern bezahlen – damit halten sie die Infrastruktur am Laufen und finanzieren die Nachtwächtergarde und die Verteidigung nach außen –, sollen alle aus diesem Sack 1000 Taler monatlich bekommen. Aber gleichzeitig müssen eben auch alle diese 1000 Taler an Steuern erwirtschaften, sonst sind diese 1000 Taler nicht da.

Verstehen Sie? Ich kapiere nicht, wie man für das BGE sein kann. Es ist finanzpolitischer Humbug. Alle zahlen 1000 Taler ein und nehmen 1000 Taler raus. Was soll das?

Und es entlarvt den grundlegenden Fehler unseres ohnehin schon umfangreichsten und teuersten Sozialsystems der Welt: Wenn jemand die Arbeit einstellt, weil er oder sie von dem Geld super lebt, das die anderen erwirtschaften, dann ist das hochgradig ungerecht. Und zwar gegenüber denen, die arbeiten. Ganz egal, wie reich die sind.

Mein Tipp für alle, denen die gigantische Umverteilung unseres Sozialsystems noch immer nicht genug ist und die ein BGE einführen wollen: Gründet einen BGE-Verein! Der Zweck des Vereins ist es, jedem Mitglied 1000 Euro im Monat zu bezahlen. Und dann zahlt ihr euch selbst ein Grundeinkommen aus. Ganz einfach. Daran hindert euch doch keiner! Vielleicht lernt ihr dann, dass vorher irgendjemand in eine Kasse einzahlen muss, bevor ihr was rausnehmen könnt.

Und ja klar – natürlich kenne ich den Einwand, der jetzt kommt. Solange alle den gleichen Mitgliedsbeitrag zahlen, ist das BGE in diesem Verein ein sinnloses Nullsummenspiel. Das BGE ist nur ein durchlaufender Posten, jeder bezahlt sich selbst. Darum wollen die BGE-Fans die Mitgliedsbeiträge unterschiedlich gestalten: Wer mehr Geld verdient, bezahlt mehr Monatsbeitrag. Warum? Aus »Solidarität« natürlich – wir haben darüber gesprochen. Und wenn jetzt nicht jeder 1 Prozent seines Jahreseinkommens zahlt, sondern wenn je nach Einkommen gestaffelt 1 bis 20 Prozent anfallen, dann profitieren die Dodos am Ende tatsächlich von den Leistungsträgern.

Es zeigt sich: Das BGE ist nur verkappte Umverteilung. Romantisch durch Gerechtigkeitsgefühlsduselei getarnte Schnorrerei. Ein perfektes System, um Faulheit zu befördern und jede Volkswirtschaft zu zerstören. Denn eine Volkswirtschaft braucht Produktivität! Keinen Verschiebebahnhof für Geld. Wenn jemand leistungsfähig ist, gibt es keine Ausrede. Und Arbeit gibt es wirklich genug.

Bis halt endlich jemand Nein sagt

Also: Es wird gefordert, immer mehr, mehr, mehr – solange niemand Nein sagt.

Ein Unternehmer, den ich coache, hatte eine wertvolle junge Mitarbeiterin. Die wird schwanger. Er hält ihr den Job frei. Muss er ja, hätte er aber sowieso getan. Sie kommt nach der Babypause wieder, er freut sich und sagt: »Komm, ich zahl dir die Kita, damit du arbeiten kannst.« Sie fängt an, kommt nach zwei Wochen an – wieder schwanger. Natürlich wusste sie das schon, als sie wieder angefangen hatte, das lässt sich ja leicht ausrechnen. Aber okay, der Unternehmer sagt: »Wenn du danach wiederkommst, zahle ich dir auch für das zweite Kind die Kita. Ich bin einfach froh, wenn du dann wiederkommst.«

Auch diese Babypause geht zu Ende, die Frau kommt wieder, und er gibt ihr direkt mal ungefragt eine Gehaltserhöhung um vier Prozent, wegen der Inflation und so. Und Teilzeit ermöglicht er ihr natürlich auch. Dann kommt sie an und sagt: »Ich habe einen Wasserschaden, kann ich einen der firmeneigenen Bautrockner ausleihen?« Ja, bekommt sie. Kostet am Tag eigentlich auch immerhin 15 Euro. Aber okay, der Unternehmer macht wirklich alles für sie. Die Woche drauf kommt sie und will ein Gespräch. Darin fordert sie 200 Euro mehr Gehalt.

Und jetzt fällt dem Unternehmer die Kinnlade runter. Jetzt kann er nicht mehr. Er sagt ihr, er habe im Augenblick keine Zeit und macht mit ihr einen Termin für die folgende Woche.

Als er mir am Abend im Coaching davon erzählt, ist er mit den Nerven am Ende. Er kann es nicht fassen. Erst acht Wochen vorher hatte er ihr freiwillig eine Gehaltserhöhung gegeben, obwohl er jahrelang ihren Platz frei halten musste. Obwohl sie ihn seit Jahren nur Geld gekostet hat, ohne etwas für ihn zu leisten. Er fragt sich: Wann ist es genug? Wann darf er fordern, dass sie auch mal das Unternehmen weiterbringt? Oder ist er dann ein schlechter Mensch? Verliert er sie dann? Was denken die anderen dann über ihn? Außerdem ist er einfach enttäuscht von ihr.

Ich sage zu ihm: »Erstens, mein Freund, erwarte niemals Dankbarkeit, dann spürst du den Tritt nicht so hart.« Zweitens: »Wenn sie kündigt, kannst du damit leben? Immerhin hast du es auch die letzten Jahre ohne sie geschafft. Also: Bist du erpressbar oder nicht?«

Ihm wird klar: Er wünscht sich zwar, dass sie bleibt, aber er weiß zugleich, dass es auch ohne sie geht. Er begreift: Sogar wenn er ihre mutterschutzbedingte Abwesenheit weglässt, kostet sie das Unternehmen mehr, als sie bringt. Finanziell und auch nervlich. Ein Verlustgeschäft also. Und dann erkläre ich ihm das mit dem Stuhlwechsel. Das habe ich auch schon ein paar Mal gemacht. Das funktioniert meistens sehr gut.

Genau das macht er: Im nächsten Gespräch mit der Mitarbeiterin bittet er sie, aufzustehen und sich auf seinen Stuhl zu setzen. Das tut sie, und er setzt sich auf den Besucherstuhl. Und dann sagt er sinngemäß: »Angenommen, ich bin du und du bist ich. Okay? Dann erzähle ich dir jetzt mal eine Geschichte. Also: Ich habe von dir damals das bekommen und dies und jenes. Und dann bin ich wiedergekommen und habe von dir noch mal was und dann noch das und jenes und welches bekommen. Dann war ich wieder weg. Dann bin ich wiedergekommen und habe von dir dieses und jenes bekommen. Und jetzt fordere ich von dir noch mehr, nämlich 200 Euro im Monat. Na, wie fühlst du dich?«

Sie zog ihre Forderung sofort zurück. Und sagte so was wie: »Tut mir leid. Ich habe gedacht, man kann's ja mal versuchen.«

Genau. »Ich habe gedacht.« Dieser Satz war wahrscheinlich schon immer falsch. Und: Man kann's »ja mal versuchen«. Ist klar. Bis halt endlich mal jemand Nein sagt und die Gegenleistung einfordert. Und das ist es, was wir brauchen: Eine Leistungsgesellschaft ist nur dann eine, wenn Leute Leistung auch einfordern. Die sich hinstellen und sagen: Du kannst scheffeln, gerne, dagegen habe ich nichts. Aber erst wird geschaufelt!

4

Cover your ass!

Klar, das Prinzip »Erst schaufeln, dann scheffeln« beinhaltet natürlich: Du musst erst mal in Vorleistung gehen. Also: Du musst was riskieren. Erst geben, dann nehmen. Aber jetzt schaue ich mich mal um: Risiko scheinen die Leute im deutschsprachigen Raum zu scheuen wie der Teufel das Weihwasser.

Für mich ist »Risiko« aber ein schönes Wort. Es stammt aus dem Altitalienischen, in dem »risco« für »Klippe« stand: Für Seefahrer früher war jede Fahrt ein Wagnis. Ohne genaue Seekarten wussten sie nie, ob sie auf eine Untiefe laufen oder ein Korallenriff streifen. Der Sturm konnte so ein Segelschiff auch mal auf die Klippen werfen. Und sie sind trotzdem rausgefahren. Ihr Unternehmergeist war stärker als die Angst zu scheitern. Das ist mein Bild von »Risiko«. Es wirkt auf mich belebend, erfrischend, aufbauend. Ich bleibe nicht im Hafen und winke weinend den auslaufenden Schiffen hinterher, sondern ich fahre lieber selber raus und wage was. Da fühle ich mich lebendig.

Schauen wir den Lebensrisiken doch lieber ins Auge: Im Leben kann nun mal alles Mögliche schiefgehen. Du steckst nicht drin. Du kannst nicht in absoluter Sicherheit leben. Du kannst krank werden, du kannst einen Unfall haben, deine Ehe kann scheitern, du kannst Angehörige verlieren, du kannst übers Ohr gehauen werden, du kannst pleitegehen.

Auch wenn das Leben kein Ponyhof ist und niemals einer sein wird, ist die Mentalität der meisten Leute nach meinem

Eindruck: Die wollen gegen alles abgesichert sein. Nichts soll mehr auf dem Spiel stehen. Um nichts wollen sie kämpfen. Alles soll in Sicherheit sein. Die wollen alle nur ihren Arsch retten. »Cover your ass!«

Sicherheit ist offenbar für sehr, sehr viele Leute der höchste Wert im Leben. Alles soll schon feststehen. Die rechnen sich mit Mitte dreißig aus, wie viel Geld sie im Alter als Rente bekommen. Die lechzen danach, vom Staat belogen zu werden mit Aussagen wie: »Die Rente ist sicher!« – vielleicht erinnern Sie sich an den Spruch des damaligen Bundesarbeitsministers Norbert Blüm (1935–2020). Völliger Unsinn. Wir kriegen bei der staatlichen Rentenversicherung nicht mal raus, was wir einzahlen. Nichts ist sicher. Auch angeblich sichere Jobs nicht.

Zugleich ist es dann eben auch so: Eine risikoscheue Gesellschaft ist vom Wesen her unternehmerfeindlich. Denn Unternehmertum, »Entrepreneurship«, hat etwas mit Mut und Wagnis zu tun. Wenn ein Unternehmer Geld in die Hand nimmt und eine Geschäftsidee entwickelt, kann er nicht hundertprozentig sicher sein, ob das Konzept am Ende aufgeht. Denn Unternehmer sein bedeutet: auf eigenes Risiko und mit eigenem Geld etwas wagen! Ohne diesen Mut hätten wir viele Errungenschaften nicht – keine Smartphones, keine Gaming-PCs und keine SO_2-Filter. Eine Gesellschaft aber, in der andere, vor allem der Staat, für die Sicherheit des Einzelnen sorgen sollen, ist eine Gesellschaft von Abhängigen.

Mittellos, aber abgesichert

Und diese Abhängigkeit bedeutet dann eben Unfreiheit. Wer nicht frei ist und sich nicht frei fühlt und sich lieber sicher fühlen möchte als frei, der kann niemals Unternehmer sein. Deshalb unterscheiden böse Zungen zwischen »Unternehmern« und »Unterlassern«.

Sicherheit und Freiheit bilden insofern eine Bipolarität: Unternehmertypen lieben die Freiheit und nehmen dafür Unsicherheit in Kauf. Sicherheitsfanatiker nehmen dafür die Unfreiheit in Kauf. Der US-Autor Scott Alexander hat das schon in den Achtzigern in seinem Buch *Advanced Rhinocerology* beschrieben: Willst du ein Nashorn oder eine Kuh sein? Nashörner stapfen durch den Dschungel und machen ihr Ding. Kühe dagegen bleiben brav auf der Weide und wagen gar nichts. Ein fieser Vergleich, oder?

Wer Sicherheit statt Freiheit will, der investiert auch nicht. Nicht in ein eigenes Unternehmen, nicht in Unternehmensbeteiligungen, nicht in Aktien, nicht in Immobilien, nicht in Bitcoin. Und wer nicht investiert, der hat auch nichts. Und wer nichts hat, der ist vor allem im Alter vom Staat abhängig. In Deutschland ist diese Mentalität noch deutlich schlimmer und viel weiter verbreitet als in Österreich oder auch in der Schweiz.

Ist das alles nur mein subjektiver Eindruck? Hm. Ich glaube nicht. Ich finde da schon auch genügend Zahlen, Daten, Fakten, die das Gleiche sagen. So hat die Bank Credit Suisse für 2020 die mittleren Nettovermögen der Bürger in den europäischen Ländern ausgerechnet. Mit Nettovermögen ist gemeint: alle Vermögenswerte zu aktuellen Werten minus die aktuellen Schulden. Hat also ein Haus 500.000 Euro Marktwert, ziehen wir die zugehörige Restdarlehensschuld von zum Beispiel 350.000 Euro ab und kommen auf 150.000 Euro Nettovermögen.

Mit dem »mittleren Vermögen« ist das Vermögen des Bürgers gemeint, der genau in der Mitte aller Privatvermögen steht: Es gibt dann in dem jeweiligen Land genau gleich viele Leute mit mehr oder weniger Vermögen. Mathematisch ist das nicht der Durchschnitt, sondern der »Median«. Grund: Einzelne Superreiche ziehen so nicht rechnerisch das Durchschnittsvermögen der anderen nach oben.

Und was kommt dabei raus? Das mittlere Vermögen der Deutschen ist geringer als das der Luxemburger, der Isländer, der Belgier, der Dänen, der Schweizer, der Niederländer, der Franzosen, der Briten, der Italiener, der Norweger, der Spanier, der Iren, der Österreicher, der Schweden, der Malteser und der Finnen. Die Deutschen haben im Mittel etwa so viel Vermögen wie die Slowenen oder die Portugiesen.

In keinem Land in Europa gibt es so wenige Immobilieneigentümer wie in Deutschland. Nur jeder zweite Deutsche kann sich im Laufe seines Lebens ein Eigenheim leisten.

Und jetzt sag noch mal bitte einer, Deutschland wäre ein reiches Land. Stimmt doch gar nicht! Deutschland ist zwar die viertgrößte Wirtschaftsmacht nach den USA, China und Japan, aber bei den Bürgern kommt diese ökonomische Power überhaupt nicht an. Stattdessen ist einfach nur der Staat der fetteste der Welt. Nirgendwo nimmt ein Staat seinen Bürgern so viele Steuern und Abgaben weg wie in Deutschland. Und zu welchem Zweck geben die Deutschen ihr ganzes Geld dem Papi Staat? Weil sie glauben, im Gegenzug Sicherheit von ihm zu bekommen und von ihm versorgt zu werden! Tatsächlich aber finanziert der Staat damit einen viel zu großen bürokratischen Apparat mit jeder Menge reiner Versorgungspöstchen für Leute, die sich nach wirtschaftlichen Maßstäben in keinem Unternehmen halten könnten. Schade um das Geld!

Kein Land für Unternehmer

Sie können ja gerne dem Staat vertrauen, wenn Sie möchten. Ich vertraue lieber mir selbst. Und ich sehe es als meine Pflicht an, mich selbst und mein Alter und meine Familie selber abzusichern. Alleine dafür brauche ich ausreichend Privatvermögen. Ohne Privatvermögen kannst du auch gar nicht Unternehmer sein oder werden.

Ein Bekannter von mir sagt: »Wenn du mehr als 50 Prozent Steuern und Abgaben bezahlst, bist du kein Unternehmen, sondern ein Staatsbetrieb.« Ich bin da locker drüber. So sieht's aus.

Und: Immer mehr Unternehmen existieren hoch verschuldet nur noch deswegen, weil sie immer mehr frische und billige Kredite nachladen. Das ifo-Institut schätzt, dass ein Fünftel der deutschen Unternehmen deswegen existenzbedroht sind. Creditreform rechnet mit bis zu 800.000 überschuldeten Unternehmen, die nur noch durch die niedrigen Zinsen am Leben sind, also eigentlich Zombie-Unternehmen sind, die bei steigenden Zinsen sofort pleitegehen werden. Das ist doch keine gesunde Wirtschaft! Gesund wäre es, wenn gescheiterte Unternehmen vom Markt verschwinden und die Akteure sich neuen Geschäftsideen widmen würden, die die Gesellschaft dann weiterbringen. So würde sich der Markt organisch erneuern.

Zudem steigt nicht nur die Unternehmensverschuldung, sondern auch die Inflationsrate und die Pro-Kopf-Verschuldung gehen durch die Decke. Das sind alles Alarmsignale. Wären wir eine auf Solidität und ökonomische Nachhaltigkeit bedachte Gesellschaft, würden die substanziellen Werte steigen, die Zahl der Geschäftsideen, die Zahl der wirklich produktiven Arbeitsplätze. Und nicht die Inflation. Aber so ist mein Eindruck: Egal, welche Farben die Regierungen der vergangenen Jahrzehnte hatten, ob Schwarz, Rot, Gelb oder Grün –, wir sind immer weniger ein Land der Unternehmer. Dafür werden wir immer mehr ein Land der Risikoscheuen, deren größter Wunsch Sicherheit ist. Doch genau das ist falsch: Wir müssen unbedingt jetzt mit guten wirtschaftlichen Konzepten dagegen ansteuern, dass diese Volkswirtschaft irgendwann über uns zusammenbricht.

Hier hat sich eine richtig üble, leistungsfeindliche Arsch-retten-Mentalität breitgemacht. Für die Zukunft unserer Gesellschaft sind das richtig schlechte Zeichen.

Geld gegen Sicherheit

Diese Haltung finde ich auch bei den Banken: Früher hat der Banker deinen Businessplan noch gelesen, dir gerade ins Gesicht geschaut und kraft seiner Erfahrung abgeschätzt, ob dein Business mit dir als Unternehmer eine gute Chance hat. Und dann gab's ein Darlehen, zum großen Teil auch ohne Sicherheiten.

Heute haben die Banken wegen der niedrigen Zinsen einerseits einen wahnsinnigen Druck, möglichst viel Kredite in die Wirtschaft zu pressen, um ihre Bilanz aufzupumpen und überhaupt noch was zu verdienen, aber die Banker interessieren sich andererseits kaum mehr dafür, was du eigentlich machen willst oder wer du als Unternehmer bist: Du musst einfach nur Sicherheiten abliefern. Dann unterschreibst du gefühlt 50 Mal, bis du alle Regularien und Formalitäten erledigt hast, damit auch der Banker seinen Hintern abgesichert hat.

Banken sind heute kaum noch Partner von Unternehmern, sondern eher komplett durchregulierte Geldverteilungsbehörden. Risikobereitschaft: null.

Ich habe vergangenes Jahr ein weiteres Unternehmen gegründet und brauchte dafür ein paar Dutzend Autos. Ich habe eine super Bonität, Vermögen ist da, die anderen Unternehmen laufen. Aber wenn ich nicht persönlich zu 100 Prozent für den Kredit gebürgt hätte, hätte ich keine Autos finanziert bekommen. Die Bank will sich nicht das kleinste bisschen am unternehmerischen Risiko beteiligen.

Ich als Unternehmer habe so auf lange Sicht eigentlich keinen Grund mehr, überhaupt noch mit Banken als Finanzierungspartnern zu arbeiten. Wenn es so kompliziert ist, besorge ich das nötige Kapital eben künftig woanders. Die Banken verkommen so immer weiter zum simplen Zahlungsabwicklungsdienstleister gegen Kontoführungsgebühr. So kannst du dir den Markt auch kaputt machen …

Und überhaupt Banker: Wenn du mal ein paar Jahre im Vorstand einer Sparkasse oder Volksbank warst, bekommst du eine lebenslange Pension. Kann mir mal einer erklären, wozu das gut sein soll? Ich habe mal einen kennengelernt, der ist mit 40 Jahren von der Bank wegen Misserfolgs rausgeschmissen worden und bekommt jetzt von seinen Kumpels im Aufsichtsrat jedes Jahr 200.000 Euro, nämlich Abfindung und Pension, goldener Handschlag. Warum?

Die spielen da einfach mit fremdem Geld. Ohne jedes persönliche Risiko. Wie Politiker auch. Unternehmertypen sind das nicht: Der Hintern ist von vornherein gesichert. Da gibt es einfach zu viel Sicherheit und zu viel Kohle gleichzeitig. Welchen Menschenschlag lockt das Berufsbild des Bankers also perspektivisch an? Und was für Entscheidungen werden dabei am Ende wohl rauskommen?

Mich treffen diese Tendenzen bei Banken persönlich, weil ich nicht nur als Unternehmer oft *mit* Banken bei Investitionen zusammenarbeite, sondern auch schon seit vielen Jahren sehr gerne und viel *für* Banken arbeite: Ich helfe ihnen, ihre Mitarbeiter im Verkauf fit zu machen und zu schulen. Ich habe die Finanzbranche, ihre Mitarbeiter und ihre Strukturen im Laufe der Jahre wirklich sehr gut kennengelernt. Ich weiß, dass es da immer wieder Topleute sind, die den Laden schmeißen. Bei meinen Trainings und Coachings dort versuche ich immer, auch wenigstens ein bisschen Unternehmergeist zu vermitteln. Und vielleicht ändert sich der Trend ja in Zukunft auch wieder mal, und die Banken erkennen, dass sie als echter Businesspartner, der mit den Unternehmern partnerschaftlich ins Risiko geht, eine deutlich wertvollere Leistung anbieten würden.

Untergeschlüpft

Diese Sicherheitsdenke hat sich nicht nur in Nischen breitgemacht, sondern in der ganzen Bevölkerung, selbst bei den Top-Talenten. Ich kenne da so einen High Potential, der hat in Rekordzeit internationales Recht studiert und sich in ein Spezialgebiet reingefuchst. Noch vor dem Masterabschluss hat der Angebote von Unternehmen bekommen, dass du weiche Knie bekommst: sechsstelliges Startgehalt. Könnte vom Fleck weg in superspannenden Unternehmen auf der ganzen Welt anheuern.

Und was macht der? Er überlegt jetzt, ob er nicht doch lieber Richter oder Staatsanwalt werden möchte. Warum? Nicht weil das so spannend wäre oder weil er da viel verdienen könnte. Sondern weil er da beim Staat unterschlüpfen könnte. Weil er da unkündbar wäre. Weil er da abgesichert wäre.

O Mann, da hat einer so ein riesiges Talent, und dann will er es nicht nutzen? Ich könnte weinen, wenn ich so was höre. Vor allem macht mich dieser spezielle Fall traurig, weil ich den jungen Mann gut kenne und sehr, sehr schätze. Hätten da nicht die Lehrer und Professoren in ihrer Bildungskarriere einen anderen Einfluss auf ihn ausüben sollen, der ihm etwas mehr Mut zum Wagnis im Leben gibt? Aber was sag ich da: »Lehrer« und »Professoren« – die sind ja selbst alle öffentlich beschäftigt. Wie sollen sie da Vorbilder für Risikobereitschaft sein? Also nichts gegen Schule, Forschung und Lehre, aber die Wagemutigen finden sich eher nicht im Staatsdienst.

Und noch eins: Wissen Sie, was gerade zur Mode wird? Unternehmer, die in diesem leistungsfeindlichen Klima einfach keinen Bock mehr haben, ins Risiko zu gehen, stellen sich als Bürgermeister in ihrer Heimatgemeinde zur Wahl. Nicht, weil sie sich für Kommunalpolitik interessieren, sondern weil sie da ein ordentliches Einkommen und nach zwei überstandenen Wahlperioden eine lebenslange Pension bekommen. Und weil es natürlich völlig risikofrei ist, mit dem Geld anderer Leite zu spielen, anstatt das eigene Geld aufs Spiel zu setzen. Ich kenne gleich mehrere, die auf diese Weise elegant aus der Privatwirtschaft aussteigen und sich ins staatliche Nest kuscheln. Na ja. Vielleicht bringen die wenigstens ein bisschen unternehmerisches Denken in die öffentliche Verwaltung rein.

Aber klar, das kommt davon. Wir werden von Anfang an so aufgezogen: Die Kinder dürfen nicht mehr auf Bäume klettern und auf eigene Faust herumräubern, das ist zu gefährlich, könnte ja was passieren. Sie könnten mal in eine Klopperei geraten, mal vom Baum fallen, sich mal den Arm brechen, sich mal Schrammen und blaue Flecken holen. Ja, es könnte was passieren … – es könnte nämlich passieren, dass sie Erfahrungen sammeln und lernen, Risiken einzuschätzen und einzugehen. Aber das ist ja nicht der Zeitgeist. Das will heute niemand. Heute erziehen Helikopter-Eltern die Kinder und kreisen wie Helikopter über ihnen her, um sie zu beobachten und zu beschützen. Und so wohlbehütet ist später niemand mehr risikobereit.

Hand drauf!

Und dieses Behütetsein wirkt sich aufs Mentale aus. Ich kenne eine Kindergärtnerin in so einer neureichen Gegend. Die hat den Eltern ausrichten lassen, dass sie mit den Kindern rausgeht, auch bei Wind und Wetter. Darum sollten die Eltern ihren Kindern bitte alte Sachen anziehen. Eines Tages kam eine Mutter mit den dreckigen Klamotten ihres Kindes an und verlangte von der Kindergärtnerin erbost, dass sie sie gefälligst waschen soll. Hallo?

Was sind wir früher durch den Wald gestürmt, haben Lagerfeuer gemacht, Höhlen gebaut, mit dem Handbeil Brennholz gehackt … – macht das heute noch jemand?

Das Problem ist: Wer in seiner Kindheit keine Grenzen erproben kann, kennt seine Grenzen nicht. Auch deswegen schätzen so viele Erwachsene heute so vieles falsch ein. Zum Beispiel die Geduld eines Arbeitgebers oder den Ernst eines Briefes vom Anwalt. Und wenn sie dann doch mal Risiken eingehen, wird es tatsächlich gefährlich, weil sie nie gelernt haben, das Risiko zu beherrschen.

Die Jugendlichen, vor allem in den Städten, sind im Vergleich zu meiner Generation körperlich schwach, haben eine schlechte Koordination, sind ungeschickt, sind viel häufiger übergewichtig. Es ist einfach Bewegungsarmut. Die Lockdowns von 2020 und 2021 haben das noch verschlimmert. Das Übergewicht macht sogar die Bundeswehr nur noch »bedingt abwehrbereit«, nur dass es heute kein Skandal mehr ist wie damals bei der *Spiegel*-Affäre.[16]

Und das Schluffitum ist State of the Art: »Putin hat keine Furcht vor dem Westen – weil wir so schwach geworden sind«, schrieb Ulf Poschardt (* 1967), Chefredakteur von *WeltN24,* am 24. Februar 2022 nach dem Angriff Russlands auf die Ukraine. »Vor allem Europa und die Deutschen sind dekadent geworden, sie gängeln ihre Leistungsträger und unterwerfen sich einem naiv-entrückten Zeitgeist. Wir müssen wieder wehrhaft werden.«[17] Es hängt alles zusammen.

Im Kopf ist es aber noch immer der gleiche Homo sapiens, der nicht mehr wild sein darf. Also kompensieren die Kids ihre natürlichen Bedürfnisse nach Natur und Kampf, indem sie in Computerspielen rumrennen, rumballern, dort ihre virtuellen Leben riskieren, Pseudo-Abenteuer bestehen, in einen inszenierten Kugelhagel geraten und lachend einen falschen Tod sterben, um danach eine neue Runde zu starten. Bis zur Sucht.

Früher haben wir »Cowboy und Indianer« gespielt. Heute dürfen wir das Wort »Indianer« nicht mal mehr aussprechen, weil es »rassistisch und diskriminierend« ist.[18] Das lässt sich auch argumentieren: Die »Indianer« nennen sich selten selbst so, der Begriff kommt von außen – Christoph Kolumbus (um 1451–1506) dachte halt, er sei in Indien gelandet. Und *den* »Indianer« gibt es eben auch nicht, es sind unzählige verschiedene Volksgruppen. Okay.

Ist alles klar. Aber wir waren keine Rassisten als Kinder. Winnetou und seine Apachen waren Vorbilder für uns mit ihrer Ehrenhaftigkeit und Geradlinigkeit. Wir haben die Indianer geliebt.

Für uns damals war es ein alltägliches Risiko, uns beim Herumtoben die Knie aufzuschlagen. Oder eine zu fangen, wenn wir zu frech waren. Heute stellen sich die Risiken anders dar: Nennt ein Lehrer ein Kind »dumm«, kriegt er vom Anwalt der Helikopter-Eltern eine Unterlassungserklärung zur Unterschrift vorgelegt. Und steigst du als Mann in einem amerikanischen Hochhaus zu einer einzelnen Frau in den Aufzug, hast du ruckzuck eine Anzeige wegen sexueller Belästigung am Hals. Warum? Weil die Klage mit hoher Wahrscheinlichkeit durchgeht, denn du kannst nicht das Gegenteil beweisen. Das erzählen mir meine Freunde aus Amerika.

Früher war irgendwie mehr Winnetou. Es war mehr Ehrenhaftigkeit. Und das war eine echte Absicherung gegen Risiken im Geschäftsverkehr. Vor ungefähr 20 Jahren hat mich im Parkhotel in Bremen ein Unternehmer angesprochen. Er wollte mich buchen als Verkaufstrainer für seinen Vertrieb. Wir waren uns einig, und ich sagte, dass ich ihm jetzt die Auftragsbestätigung fertig machen würde.

Da sagte er: »Herr Limbeck! Ich bin ein ehrbarer Kaufmann. Ich gebe Ihnen hier die Hand. Wir brauchen keinen Vertrag.«

Also haben wir keinen Vertrag gemacht. Der Handschlag zählte. Und galt. Wir haben jahrelang zusammengearbeitet, es flossen ordentliche Summen, es lief immer alles korrekt. Jede Rechnung wurde sofort bezahlt, jede mündliche Vereinbarung eingehalten.

Heute undenkbar! Heute ist die Wahrscheinlichkeit gering, dass bei einem Geschäft zwei ehrbare Kaufleute mit hanseatischen Tugenden aufeinandertreffen. Wegen der grassierenden Cover-your-ass-Mentalität. Sie ist so gering, dass es einfach keine Handschlaggeschäfte mehr gibt. Absicherung ersetzt Vertrauen.

Schade.

5
Auf der Suche nach dem Sinn

Zu dieser ganzen allgemeinen Verweichlichung trägt übrigens noch etwas bei: die übertriebene Sinnsuche, die manche Leute betreiben.

Manchmal habe ich den Eindruck, dass das ganze Land auf Sinnsuche ist. Gerade auch in meinem Geschäftsfeld: All die Berater, Trainer, Coaches, Redner – alle suchen permanent den Sinn oder bieten sich an, bei der Sinnsuche zu helfen. Sinn, Selbstverwirklichung, das große »Why«. Kennen Sie das? Reine Selbstbeschäftigung.

Ich habe nichts dagegen, dass jemand zu sich selbst findet, aber dazu muss man halt nicht nach Nepal reisen. Man muss dazu keinen Jakobsweg laufen, nicht im Kloster einchecken und keine vegane Tofusuppe löffeln. Schon wenn ich höre, dass jemand sagt: »Ich muss mal eine Auszeit nehmen«, rieche ich die Ausrede. Ganz oft ist es verlogen! Und das geht mir immer mehr auf den Keks. Wer wissen will, wer er ist, kann das da herausfinden, wo er ist. Denn es geht bei dieser Erkenntnis um einen inneren Prozess, nicht um einen äußeren.

Also klar: Eine Auszeit im Sinne von Pause zum Kraftschöpfen – kein Thema. Alles gut. Ich fliege auch mal auf die Malediven. Wer gute Arbeit abliefern will, sollte auch im Gleichgewicht sein. Und sich mal rausziehen, um Abstand zu den Dingen zu gewinnen, ist sicher sinnvoll. Auch um keinen Burn-out zu bekommen. Wobei ich da schon den nächsten Schmu wittere: Wer sein Ding macht, bekommt eigentlich keinen Burn-out.

Die Burn-out-Fraktion sagt: Gerät die Work-Life-Balance aus dem Gleichgewicht, droht ein Burn-out. Wissen Sie, was mich daran stört? Die tun so, als seien »Work« und »Life« Gegensätze. Für mich sind das keine Gegensätze. Vielleicht kippe ich mal mit einem Herzinfarkt vom Stuhl, weil ich zu viel arbeite. Kann sein. Aber ich arbeite eben gern, weil mich das mit Sinn erfüllt. Ich helfe meinen Kunden dabei, ihre Ziele zu erreichen. Das empfinde ich als absolut respektablen Lebenssinn!

Mein guter Freund und Kollege Stefan Frädrich (* 1972), der das Unternehmen »Gedankentanken« gegründet hat (heute »Greator«), spricht in einem seiner Videokurse übrigens von »Work-Life-Blending«. Darum geht's! Leben und Arbeit sind ein Mix!

Wann, bitte, sollte ich mich auch groß auf Sinnsuche begeben? Der Schreibtisch ist übervoll! Ich habe zu arbeiten! Gerade wenn die Hütte brennt und immer mehr Kunden mit Auftrag drohen, haben wir ranzuklotzen. Nicht Yoga auf Bali zu machen oder uns im Stuhlkreis Schaumstoffbälle zuzuwerfen. Wissen Sie, was mich runterbringt? Wenn ich abends an meinem See sitze und schweigend ins Wasser blicke. Und dabei vielleicht noch ergebnisorientiert Fische fange. Ist halt so ein Männerding. Da tanke ich Kraft und denke nach. Aber ich muss nicht ritualisiert über meine Gefühle sprechen.

Um es mal versöhnlich zu sagen: Wenn jemand völlig verpeilt ist und seit Jahren gegen sein inneres Wesen handelt, zum Beispiel im falschen Job – dann verstehe ich es, dass er oder sie sich rauszieht und mal übers Leben nachdenkt. Wer krank ist – klar, der braucht eine Auszeit. Aber wenn du gesund und klar mit dir selber bist, brauchst du das eigentlich nicht. Meine Meinung. Ja, Gefühle sind wichtig, vielleicht auch, darüber zu sprechen. Aber wenn dann deswegen die Arbeit liegen bleibt, haben wir es eben oft mit einer Dodo-Ausrede zu tun. Viele fühlen sich in ihrem emotionalen Elend dann auch ganz wohl, scheint mir.

Die sinnlose Sinnsuche

Einmal wollte einer meiner Mitarbeiter mit mir eine Headhunting-Company für Vertriebsprofis gründen. Geschäftsführer dieser neuen Gesellschaft wollte er werden. Fein! Die Idee war gut. Und dann war er mit seinen Kumpels übers Wochenende feiern. Er muss später am Abend reichlich melancholisch geworden sein. Jedenfalls wurde da irgendwie Thema, dass er seinen Vater nicht kennt, weil er aus einem One-Night-Stand entstanden ist, während der Mann, der ihm die meiste Zeit seines Lebens als Vater verkauft worden war, gar nicht mit ihm verwandt ist. Das ist hart, logisch. Damit muss er erst mal klarkommen.

Aber dann wollte er ein Gespräch. Und erst mal in Teilzeit wechseln. Und dann eine lange Reise nach Südamerika machen.

Ich fragte: »Wieso das denn?« Er: »Weil es noch was anderes im Leben gibt, außer zu arbeiten!«

Ich schlug mir gedanklich mit der flachen Hand vor die Stirn: Nicht schon wieder diese elende, sinnlose Sinnsuche! Ich fragte, ob er noch wisse, was wir vorhaben. Denn das ist ja dann erst mal erledigt. Wie soll jemand Geschäftsführer in Teilzeit sein? Wie soll das gehen? Und von Südamerika aus?

Ich erklärte ihm, dass ich das als Gesellschafter nicht mitmachen würde und dass er sich dann eben ohne mich selbstständig machen müsse, um auf eigene Kosten auszuprobieren, ob das in Teilzeit geht.

Er sagte: »Alleine? Das will ich nicht.«

Ach. So sehr wollte er sich dann also doch nicht finden? Mit anderen Worten: Er wollte eigentlich auf meine Kosten durch die Welt gondeln. Und das ist mein Punkt. Diese ganze Sucherei hat meiner Ansicht nach gar nicht den Zweck, irgendetwas zu finden. Die »Suche« ist in den meisten Fällen reiner Selbstzweck. Ein Zeitvertreib. Ein Luxus.

Sinnsuche musst du dir auch leisten können. Wer Geld verdienen muss oder will, setzt sich nicht wichtig stirnrunzelnd in ein

Meditationszentrum, um in sich zu gehen. Und die, die es sich tatsächlich leisten könnten, sind komischerweise selten die großen Sinnsucher. Das sind nämlich eher die, die ihren Sinn schon längst tatkräftig verwirklichen. Die Dodos unter den Sinnsuchern sind diejenigen, die sich die Zeit mit Nabelschau auf Kosten anderer vertreiben.

Denn vor allem hält das ganze Theater die Leute ja davon ab, etwas zu leisten. Und jetzt verrate ich Ihnen mal ein großes Geheimnis, das Sie vermutlich schon kennen: Der Sinn steckt am Ende immer im Ergebnis der Arbeit. Sinn ergibt das, was wir bewirken. Nicht das, worüber wir nachdenken oder philosophieren. Sondern das, was wir machen.

Denken wir an Mahatma Gandhi (1869–1948), Mutter Teresa (1910–1997) und Nelson Mandela (1918–2013). Oder an die Gründerväter der USA oder die Schöpfer des deutschen Wirtschaftswunders nach dem Zweiten Weltkrieg. Denken wir an Menschen, die wirklich was bewirkt haben. An Richard Branson (* 1950) oder Jeff Bezos (* 1964). Haben diese Leute Zeit damit verbracht, durch die Welt zu reisen und damit ihrem Lebenszweck auf den Grund zu gehen?

Vielleicht mal für eine kurze Phase. Aber ansonsten haben sie vor allem angepackt und was geleistet. Und im Ergebnis ihrer Leistung lag dann der Sinn. Sie haben diesen Sinn nicht großartig gesucht und dann theatralisch gefunden, sondern sie haben ihn geschaffen. Sie haben nicht gesucht, sondern gehandelt.

Fragen Sie mal einen erfolgreichen Unternehmer nach dem Sinn seines Lebens. Der gibt Ihnen keine vergeistigte Antwort. Er wird Sie verständnislos anschauen, um sich blicken und Sie fragen, ob Sie es denn nicht sehen: Überall in seinem Betrieb ist jede Menge Sinn zu sehen – in den Produkten und Dienstleistungen, in der Verbesserung des Lebens der Kunden, in den Arbeitsplätzen und Gehältern für die Mitarbeiter und deren Familien, in den gesellschaftlichen Aufgaben, die er nebenbei erfüllt.

Such lieber einen Kunden!

Nach der Schule wusste ich auch erst nicht, ob ich Handwerker oder Kaufmann werden sollte. Aber ich habe deswegen keine große Reise auf der Suche nach mir selbst begonnen. Ich hatte das Glück, ein paar gute Leute um mich herum zu haben. Da waren meine Eltern und auch der eine oder andere Lehrer, der seinen Beruf nicht verfehlt hatte. Ein solider Einfluss. Dieses Umfeld bewirkte bei mir, dass ich nicht irgendwas suchte, sondern irgendwas machte.

Ich habe einfach gehandelt. Habe Dinge ausprobiert. Mich durchgebissen. Ich bin nach Amerika gegangen, um mein Englisch zu improven. Dabei habe ich gearbeitet.

In Amerika habe ich etwas Entscheidendes beobachtet: Dort sinniert niemand tiefgründig über den amerikanischen Traum, sondern die Leute leben den amerikanischen Traum. Indem sie arbeiten. Du siehst einen ungemähten Rasen? Besorg dir einen Rasenmäher und mäh den Rasen! Der Eigentümer wird sich freuen und dich belohnen. Du siehst eine verschneite Einfahrt? Besorg dir eine Schneeschaufel und mach den Weg frei! Der Eigentümer wird sich freuen und dich belohnen. Mach dich nützlich!

So habe ich das gemacht. Durch das Schneeschippen habe ich gelernt: erst schaufeln, dann scheffeln!

Der Sinn des Lebens ist, etwas zu dieser Welt beizutragen. Es geht nicht darum, dass wir um uns selbst kreisen. Sinn entsteht, wenn wir Nutzen für andere Menschen bieten, wenn wir die Menschheit weiterbringen. Ein Sinnsucher denkt nicht an andere, der denkt letztlich nur an sich selbst. Arbeiten dagegen ist Leistung für andere. Immer. Insofern ist Wirtschaft altruistisch. Wenn etwas Sinn ergibt, dann gibt es immer einen Kunden. Und umgekehrt: Wenn es keinen Kunden gibt, ergibt es keinen Sinn.

Geld ist Energie

Zurück in Deutschland, habe ich dann Kopierer verkauft. Dafür gab es jede Menge Kunden. Darum habe ich mit 28 Jahren 364.000 Mark verdient. Das war der Gegenwert des Sinns, den ich für meine Kunden geschaffen hatte.

Ich habe den Job dann irgendwann hingeschmissen. Aber nicht weil ich genug hatte. Nicht weil es »ja noch was anderes gibt als Arbeit«. Nicht um mich in der Wüste Gobi selbst zu finden. Sondern weil ich noch mehr Sinnvolles bewirken wollte. Ich fand es einfach cool, etwas so gut zu können, dass ich es anderen beibringen konnte. Ich fand heraus, dass ich nicht nur Kopierer verkaufen konnte, sondern auch die Fähigkeit zu verkaufen. Und das war noch mehr wert, weil es noch sinnvoller war.

Vielleicht merken Sie, dass wir hier zu einer Schlüsselerkenntnis vordringen. Und die kann sehr wehtun. Es kommt einfach darauf an, welche Denkmuster Sie haben. Wenn Sie im Kopf haben, dass Geld schlecht ist und niemals etwas mit Sinn zu tun haben kann, dann halten Sie mich jetzt für einen Unmenschen. Aber wenn Sie begreifen, worum es wirklich geht, nämlich dass es auf dieser Welt ganz viele Probleme zu lösen gibt, für die wir gute Ideen und Konzepte brauchen – dann sind Sie auf einem guten Weg. Am Ende geben Sie mir dann vielleicht sogar recht, wenn ich sage: Geld ist Energie.

Sie denken, Geld sei schlecht? Stimmt nicht. Ohne Geld können Sie auch nichts Gutes tun. Geld ist weder gut noch schlecht, es ist zunächst einmal eine Handlungsmöglichkeit, ein »Vermögen« im Wortsinne. Mit Geld vermögen wir mehr als ohne.

Und je häufiger und je besser Sie anderen helfen, ihre Probleme zu lösen, desto mehr Geld kommt zu Ihnen. Und umso sinnvoller ist das, was Sie tun. Je komplexer die Aufgaben, die Sie erledigen, desto mehr Energie oder »Vermögen« strömt zu Ihnen. Je mehr Geld Sie haben, desto mehr Gutes können Sie tun. Arbeitsplätze schaffen. Nachhaltige Projekte anschieben.

Und ja – natürlich mache ich auch mal eine Meditation. Aber ich verarsche mich dabei eben nicht selbst, indem ich mir dummes Zeug über meinen Sinn vormache. Ich weiß schon, wofür ich gut bin.

So habe ich mich jedenfalls immer weiterentwickelt, hin zu immer mehr Sinn, indem ich immer mehr geleistet habe. Mein Antrieb war durchgängig: Ich wollte von niemandem abhängig sein. Ich wollte mein Geld selber verdienen. Ich wollte nicht von meinen Eltern oder vom Staat oder sonst wem finanziert werden.

Unabhängigkeit ist der Schlüssel

Wozu willst du auch gut sein auf der Welt, wenn du nur ständig anderen auf der Tasche liegst? Wer anderen auf der Tasche liegt, tut nichts Gutes. Wie auch?

Ich wollte schon immer frei und unabhängig sein, auf eigenen Beinen stehen. Das ist der Schlüssel. Und genau der Schlüssel scheint abhandengekommen zu sein in unserer Gesellschaft.

Wer nicht finanziell unabhängig sein will, wird der Welt im Umkehrschluss auch nichts Sinnvolles geben. Nein, er wird unterm Strich sogar etwas Sinnvolles verbrauchen. Nämlich die Lebenszeit anderer Menschen. Schnorrer haben die Welt und die Menschheit noch nie weitergebracht.

Wer beispielsweise zwölf Jahre auf Kosten der Allgemeinheit in verschiedenen geisteswissenschaftlichen Fächern herumstudiert, um sich selbst zu finden, begreift selten, dass er Steuergelder erschnorrt. Das komplette Bildungswesen finanzieren Steuerzahler. Das Geld nimmt der Staat beispielsweise Unternehmern weg, die deswegen weniger Geld für Investitionen haben. Für Investitionen in Arbeitsplätze, Digitalisierung, Umweltschutz, neue Geschäftsfelder, Forschung und Entwicklung … – sie können also weniger sinnvolle Investitionen anschieben. Alle Steuerzahler müssen einen Teil ihrer Lebenszeit aufwenden, um die Steuermittel zu erwirtschaften, damit andere dadurch die Zeit bekommen, den Sinn ihres Lebens zu ergründen.

Ich würde sagen: Leute, geht einfach arbeiten! Erstens ist das nur fair, und zweitens werdet ihr dabei viel eher über euren Lebenssinn stolpern, als wenn ihr danach sucht.

»Willst du immer weiter schweifen?«, hat Johann Wolfgang von Goethe (1749–1832) gefragt. Genau. Das Glück liegt im Tun.

6

Wer ist noch echt und ehrlich?

Ich bin nicht nett.

Nein, wirklich nicht. Warum auch? Ich weigere mich mitzumachen, wenn ich etwas nicht gut finde oder nicht verstehe. Ich beginne fünf Mal in einem Absatz die Sätze mit »Ich«, auch wenn die Lehrer in der Schule gesagt haben: »Das macht man nicht.« Ich gehe keine Mode mit, nur weil es alle machen.

Früher hatten alle schwarze Lederjacken, ich hatte eine grüne.

Als ich jung war, sind alle meine Freunde Kadett, Fiesta oder Golf gefahren. Ich hatte einen Jeep.

Das sind erst mal Äußerlichkeiten, klar. Aber die spiegeln auch das Innere wider. Und das ist mir ganz wichtig: Ich fahre nicht Porsche, um irgendwas zu kompensieren. Sondern weil es Ausdruck meiner selbst ist. So, wie andere als Ausdruck ihrer selbst Birkenstock-Sandalen tragen oder Bionade trinken – ein Getränk, das der Hersteller seiner Zielgruppe in den Nullerjahren mit enormem Marketingaufwand als Getränk »für eine bessere Welt« verkauft hat.[19] Diese Leute sind nicht besser als ich, sie identifizieren sich nur mit anderen Marken. Konsumenten sind sie in jedem Fall auch.

Klar ist ein Porsche ein Statement. Na und? Nennen Sie es nonkonform oder eigensinnig, individualistisch oder unkonventionell, mir völlig egal. Vielleicht ist es das: Mir ist es egal, was andere über mich denken. Alle dürfen denken, was sie wollen. Sie, ich, alle. Vielleicht ist es auch einfach Autonomie. Die wichtigste Voraussetzung dafür, dass wir zur Welt etwas Sinnvolles beitragen.

Ich sage auch »Zigeunerschnitzel«. So, wie ich »Indianer« sage. Ohne Rassist zu sein. Ich mache es einfach nicht zu meinem Problem. Das meine ich mit »nicht nett«. Aber immerhin bin ich ehrlich.

Ob eine Formulierung politisch korrekt ist oder nicht – ehrlich gesagt ist das in meinem Businessumfeld völlig zweitrangig. Die Manager, mit denen ich zu tun habe, sind höchst kultiviert, bewegen sich souverän auf internationalem Parkett – da begegne ich keinen rückständigen Menschenfeinden. In meiner Liga haben wir schon begriffen, dass Menschen gleich viel wert sind, gerade international. Ich sprach davon.

Ich habe ja auch ein starkes Harmoniebedürfnis, auch wenn es von außen manchmal nicht so wirkt: Ich vertrage Streit und Konflikte gar nicht gut. Aber ich habe trotzdem gelernt, dass durch Harmoniesucht Abhängigkeiten entstehen. Und dokumentierte Abhängigkeit ist Erpressbarkeit. Die, die gemocht werden wollen, sind ein gefundenes Fressen für die, die erfolgreich sein wollen. Wer auf Teufel komm raus jeden Konflikt vermeidet, wer ständig versucht, nicht anzuecken, wer immer im vorauseilenden Gehorsam unterwegs ist, der verliert seinen Stolz, seinen Mut und am Ende jeden Respekt. Ein Land voller Menschen ohne Ecken und Kanten ist ein Opferland. Dodoland.

Die Zäpfchen-Gesellschaft

Im Spektrum zwischen Angepasstheit und Unangepasstheit kann sich jeder seinen Platz suchen. Es gibt viele Varianten. Und alle haben die Freiheit, für sich zu entscheiden, wie sie sich in diesem Spannungsfeld verhalten wollen. Ich meine nur: Insgesamt ist es für unsere Gesellschaft ein Riesenproblem, wenn so gut wie alle nur noch rundgelutschte, stromlinienförmige Zäpfchen sind.

Schauen Sie sich doch einfach mal um. Die Leute sind alle so furchtbar gute Menschen. So nett, so sozialverträglich, so glatt.

Wenn es gerade Mode ist, ein offenes Hemd unter dem Sakko zu tragen, tragen alle ein offenes Hemd unter dem Sakko – jeder Politiker, jeder Manager, einfach alle. Sie legen die Uniform mit der Krawatte ab, um die Uniform ohne Krawatte anzuziehen. Warum haben sie sich vorher nicht getraut, ohne Schlips rumzulaufen? Warum trauen sie sich jetzt nicht, mit Schlips rumzulaufen?

Wenn sich in einer Runde alle duzen, dann duzen sie mit. »Du, ich bin der Hubert.« – »Ah, du, ich bin die Gisela.« So, so. Und weil es gerade Mode ist, werden die Fäuste leicht aneinandergeboxt. Das war auch schon vor Corona so ein Ding. Denn »man« gibt sich nicht die Hand, wenn es gerade out ist. Weil wir niemandem wehtun wollen. Weil wir doch offen für alles sind. Ja, wir sind offen für alles – weil wir nicht ganz dicht sind. Und so machen wir eben jeden Trend mit. Ändert sich der Trend, ändern wir uns mit. Wir sind anpassungsfähig wie Zäpfchen.

Hatte ich erwähnt, dass ich nicht nett bin? Ich gebe Ihnen die Hand. Und ich biete dir auch gerne das Sie an, wenn's sein muss.

Und so ticken eben ziemlich wenige in Deutschland. Die allermeisten sind stromlinienförmig. Äußerlich – und auch innerlich. Eigentlich brauchen wir mehr Kreative mit guten Ideen, mehr Entrepreneurship und Gründungsgeist. Aber das haut nicht hin, wenn wir uns konsequent nach den anderen richten. »Benchmarking«, also die Orientierung an dem, was es schon gibt, führt nur zu Me-too-Ideen. Wer wirklich was reißt, macht sich von Trends unabhängig. Oder ironisiert sie wenigstens.

Meine Marotten

Ich kannte in meinen jungen Jahren einen, der hat mich schwer beeindruckt: ein ganz feiner Typ. Ich sage immer, der hatte Uhrmacherhände. Ganz feingliedrig und gepflegt. Er hatte so einen italienischen Einschlag, ganz zarte olivfarbene Haut, immer top frisiert, immer top angezogen, maßgeschneiderter Anzug, Pferdelederschuhe, Manschettenknöpfe, Einstecktuch.

Er hat mir übrigens auch beigebracht, was ich zu Hause mangels Gelegenheit nicht lernen konnte: zum Beispiel in guten Restaurants nicht zu essen wie ein Bauer (liebe Landwirt*_Innen: Sie wissen schon, wie ich das meine). Serviette auf die Knie, Buttermesser benutzen, Wein bestellen. Abstand halten, Raum geben, Manieren. Wenn ich dafür bin, dass die Leute mehr Ecken und Kanten zeigen sollen, meine ich eben gerade nicht, dass sie ungehobelt herumstoffeln. Ich meine Kanten, keine Schmutzränder.

Dieser feine, durchaus eitle Gentleman pflegte stolz seine Marotten! Eine seiner Marotten war sein Gürtel. Der hatte eine Schließe, in die ein in durchsichtigen Kunststoff gegossenes, halb geschmolzenes Uhrwerk eingelassen war. So eine Uhr wie aus dem Bild *Die Beständigkeit der Erinnerung* des Surrealisten Salvador Dalí (1904–1989).

Das hat mir gefallen: Eigenständigkeit und Unabhängigkeit demonstrieren, durch so eine besondere Marotte.

Und so trage ich gerne poppige, neonfarbene Krawatten und zwar genau dort, wo alle mit offenem Hemd herumrennen. Ich trage auch keine Rolex – die Rolex-Dichte in den oberen Fluren, in denen ich fürs Geschäft auftauche, ist mir einfach zu hoch. Stattdessen ziehe ich meine Panerai Marina an. Oder meine Patek Philippe. Oder meine Audemars Piguet Royal Oak. Die sind alle übrigens auch eine gute Geldanlage.

Wenn Sie wissen, dass ich auf einem Campingplatz aufgewachsen bin und dass meine Vorfahren Bergleute waren, die unter Tage Kohle für die Stahlindustrie geschürft haben, dann können Sie sich vielleicht vorstellen, was ich damit ausdrücken will, wenn ich die feinere, edlere Uhr habe als der Durchschnittsmanager in der Teppichetage. Und da es heute üblich ist, so bescheiden wie möglich zu tun und seinen Wohlstand zu verstecken, als sei Wohlstand etwas Unanständiges, dann schreibe ich hier erst recht über meine Uhren oder meine Autos.

Es ist einfach antizyklisch, fällt auf und macht Spaß. Und ich bleibe den Menschen eher in Erinnerung als ein Zäpfchen.

In allen meinen Autos habe ich Einstiegsleisten mit meinem Logo. Die Felgen sind immer in Wagenfarbe lackiert. Marotten eben. Einmal in Stuttgart bei einem großen Kunden, kamen die Manager nach dem Gespräch und vor dem gemeinsamen Mittagessen mit mir runter zum Parkplatz. Natürlich waren sie neugierig. Da stand mein edler Sportwagen in Schwarz, schwarze Felgen, Einstiegsleiste mit Logo, guter Sound.

Einer sagte: »Oh. Schönes Auto.« Stimmt.

Ein anderer sagte: »Hm. Und die Felgen haben wir mitbezahlt …«

Der Klassiker. Aber wohin ich nicht gefallen bin, ist auf den Mund. Ich sagte: »Meine Herren, so schlecht bezahlen Sie mich gar nicht. Nicht nur die Felgen, die Ledersitze sind auch von Ihnen!«

Alle lachten, die Spannung war raus, wir gingen zum Essen.

Der Straßenköter in der Chefetage

Nett sein ist angesagt. Auch weich sein ist angesagt. Kaum jemand traut sich, nicht nur nicht nett, sondern auch mal hart zu sein. Die zeitgeistigen Weicheier im Business nerven mich, einfach weil es so viele davon gibt. Also versuche ich ihnen zu vermitteln, dass sie ein bisschen mehr Konturen zeigen dürfen. Weil ich es gut mit ihnen meine. Beispielsweise habe ich mal die Vertriebler in einer großen Bank trainiert. Einen der jungen Banker fand ich richtig gut. Ich wusste gleich: Aus dem wird mal was! Und deshalb habe ich ihn aufs Korn genommen. Zuerst war ich vor versammelter Mannschaft mit seinen Schuhen nicht zufrieden: »Ein Mann wie Sie, der es zu so einem schönen Anzug gebracht hat, sollte sich endlich mal ordentliche Schuhe leisten!«

Er bekam einen roten Kopf und war kurz davor zu gehen. Das wollte ich sehen. Also habe ich ihn gefragt: »Wie viele Calls machen Sie am Tag?« Er sagte eine Zahl. Ich tat so, als hätte ich mich verhört: »Was? Ich habe Sie nicht gefragt, was Sie morgens machen, ich meinte, wie viele Anrufe Sie an einem ganzen Tag machen. Also *nach* der Morgentoilette!«

In dem Moment fing er endlich an, Kontra zu geben. Guter Mann! Heute verbindet uns eine stabile Business-Freundschaft. Er ist mittlerweile Bankvorstand. Und er trägt ordentliche Schuhe und lässt sich von niemandem ein X für ein U vormachen.

Der Mann hat was gelernt. Aber nicht, weil jemand weich zu ihm gewesen wäre.

Hart bin ich aber auch zu mir selbst, weil ich es auch mit mir gut meine. Beispielsweise gebe ich bei der Akquise möglichst lange nicht auf. Auch wenn's wehtut, mir am Ende ein Nein abzuholen. Selbst wenn ich weiß, dass es ein Nein wird, argumentiere ich weiter, damit es am Ende wenigstens fürs Training gut war. Ich mache es mir unbequem, weil ich mich sonst nicht weiterentwickle.

Und schmerzfrei bin ich auch, wenn es um Prominente geht.

Du lieber Himmel! Das sind doch auch nur Minister, Fußballpräsidenten, Nationalspieler, Popstars, Vorstandsvorsitzende, Verbandsfunktionäre, ganz gewöhnliche Millionäre … – also auch nichts Besseres als du und ich. Mir ist egal, wer jemand ist oder glaubt zu sein.

So sitze ich also in Frankfurt bei einer der größten Banken Europas im obersten Stockwerk, wir verhandeln. Vor mir der Vorstandsvorsitzende, daneben der Personalchef. Beide super angezogen, ich noch superer. Beide gut vorbereitet, ich besser. Beide mit allen Wassern gewaschen, ich mit allen Wassern plus eins.

Der Boss sagt: »Na, ja. Schön, dass Sie da sind. Ich habe da so eine Idee, was wir machen könnten. Normalerweise unterhalte ich mich mit Leuten wie Ihnen gar nicht. Dafür habe ich meine Mitarbeiter. Aber Sie. Na ja. Sie haben so was, was unseren Leuten manchmal fehlt. So eine, so ein, ja, so eine Streetsmartness.«

Machtspielchen rieche ich aus Kilometern Entfernung wie ein Hai eine Blutspur im Meer. Ich lache und wende mich an den Personalchef, deute mit dem Kopf rüber zum Oberboss und sage: »Eigentlich wollte er sagen, dass ich ein Straßenköter bin, stimmt's?«

Stille.

»Aber immerhin«, fahre ich fort, »sitze ich hier in der obersten Etage mit ihm am Tisch.«

Noch mal Stille.

Und dann lachen alle.

Dem Chef war sein Anflug von Arroganz am Ende so peinlich, dass er mich nach dem Gespräch höchstpersönlich runter zum Empfang und rausgebracht hat. Er hat sich noch mal bedankt. Es war mir ein Fest.

Wir sind eben alle nur Menschen. Alle sind gleich viel wert. Wenn wir etwas füreinander tun wollen, müssen wir einander auf Augenhöhe begegnen. Und ehrlich sein. Und echt sein. Es ist wirklich tragisch, dass das die Ausnahme geworden ist.

Wer wirklich ein Loser ist

Die Regel ist, dass die Leute uns für dumm verkaufen und Spielchen spielen. Hintenrum. Dass sie so tun, als ob. Lügen, betrügen – das ist momentan ganz groß in Mode.

Ich sagte ja schon: Ich kann Camping, und ich kann fünf Sterne. Ich kann See und ich kann Malediven. Ich kann Boxring und Chefbüro. Aber verbiegen werde ich mich niemals. Wozu auch? Niemand muss sich verbiegen.

Einer meiner Kumpels aus der Jugendzeit war zufällig da, als ich mal wieder am Campingplatz am Wolfsee aufgetaucht bin, wo ich aufgewachsen bin. Er war damals der bestaussehende Typ, hatte immer die hübschesten Freundinnen, die tollsten Lederjacken, das beste Motorrad. Er war der Star, ich sein Fußabstreifer. Er hat mich permanent verarscht. Ich war aber auch ein ziemliches Opfer damals. Also mache ich ihm keinen Vorwurf. Ich war selber schuld.

Und dann traf ich ihn bei meinem Besuch wieder. Wir setzen uns auf zwei Schaukeln und haben Nostalgie gespielt. Er sagte dann: »Ich muss ja schon sagen. Du hast es allen gezeigt!«

Ich wollte wissen, was er damit meinte. Mein Puls stieg präventiv an. »Na ja«, sagte er, »dass aus dem Loser mal was werden wird, hätte damals doch keiner vermutet.«

Und dass du immer noch so überheblich bist wie früher, hätte auch keiner vermutet, dachte ich.

Vor ein paar Monaten dann war er auf meiner Mailbox: Er würde gern mal mit mir über seine berufliche Situation reden.

Ich rief zurück: »Was kann ich für dich tun?«

Dann ging es los: »Du, Martin, ich war ja Führungskraft in einer Werbeagentur. Aber jetzt mit Corona und so. Ich habe nicht aufgepasst. Sie haben mich rausgeschmissen. Ich brauche einen neuen Job. Kannst du mir helfen?«

Ich sagte: »Okay, ich geb das an meinen Recruiter weiter. Schick mal deinen Lebenslauf rüber.«

Dann kommt sein Lebenslauf, ich schaue kurz drüber und denke: Da stimmt doch was nicht. Da steht: »Weiterbildung bei Martin Limbeck.« Will er uns unser Schaukelgespräch als Weiterbildung verkaufen?

Ich texte ihn an: »Bin irritiert, dass du mich in deinen CV reinschreibst. Das ist gelogen.«

Er textet zurück: »Na, ich habe doch alle deine Videos auf Youtube angeschaut. Smiley.«

Boah, ist das fischig. Er hat dann mit meinem Recruiter gesprochen. Ich dachte, die Sache sei erledigt und ich kann wieder arbeiten.

Am nächsten Tag habe ich schon wieder eine Nachricht von ihm auf Band. Weinerliche Stimme, niedergeschlagen. Er habe mit dem Recruiter gesprochen, aber wolle sich doch mit mir persönlich unterhalten. Zwischen den Zeilen: Ob ich ihm nicht einen Job bei mir gebe.

Das hat mir gereicht. So ein krummer Hund. Ich habe ihn zurückgerufen, Kante gegen Schluffi: »Pass mal gut auf. Nach zig Jahren ohne Kontakt kommst du mit deinem Problem und willst es zu meinem machen. Ich kann mich noch sehr gut daran erinnern, wie du mich als junger Kerl von morgens bis abends verarscht hast. Und jetzt soll ich was für dich tun? Und dann lügst du in deiner Vita und gibst mit meinem Namen an? Und dann soll ich dir einen Job geben und du bist nicht mal in der Lage, mich geradeaus danach zu fragen? Wir haben wohl ein unterschiedliches Verständnis davon, wie man am besten durchs Leben kommt. Hier ist Schluss. Alles Gute für deine Zukunft. Tschüss.«

War das nett, einem alten Kumpel die Tür vor der Nase zuzuschlagen? Nein. Aber wer hat gesagt, dass ich nett sein soll?

Der feine Herr S.

Es gibt da draußen so viele windige Typen, krumme Persönlichkeiten, Lügner und Betrüger, machthungrige, fischige, schleimige, undurchsichtige Aufschneider – gegen die kannst du nur bestehen, wenn du dein Kreuz durchdrückst und den Kopf oben behältst. Egal, wie viel Geld das manchmal kostet. Darum eine Geschichte noch, wenn's recht ist.

Termin in einer Villa in der Kennedyallee in Frankfurt. Wer die Straße nicht kennt: Da wohnen und arbeiten Menschen, die sich Bausubstanz leisten, die entstanden ist, als Deutschland seine wirtschaftlich besten Jahre überhaupt hatte: Ende des 19. Jahrhunderts. Ein Schmuckkästchen neben dem anderen.

Ich stehe ja nicht so auf Gold, aber das Schlösschen war trotzdem toll. Ich sitze auf einem Ledersofa und warte die Machtdemonstrationsfrist ab. Dann öffnet sich eine Schiebetür, ein Lakai baut sich auf und näselt: »Herr S. hat jetzt Zeit für Sie.« Ich nehme an, diese Empfangszeremonie war inspiriert von Seiner Heiligkeit, aber jeder, wie er mag. Ich finde Marotten ja gut.

Als ich an dem Diener vorbeigehe, raunt er mir zu: »Wenn Sie Angst vor Hunden haben, ignorieren Sie den Dobermann einfach.« Und tatsächlich: Neben dem Herrn mit seinem freigelegten, epilierten Brustbein, der goldenen Rolex, dem Nadelstreifenanzug, dem nach hinten pomadisierten Langhaar und den Botoxlippen im Solariumgesicht, saß ein wirklich hübscher Einschüchterungsdobermann. Und daneben sein Vertriebsleiter.

Herr S. bot mir irgendein bei Vollmond geschöpftes linksdrehendes Edelwasser aus der Sahara an und erklärte mir, dass sein Hund »Cash« heißt. Immer wenn er »Cash!« rufe, komme Cash. »Der Kalauer ist der Aphorismus des kleinen Mannes«, hat Harald Schmidt (* 1957) mal gesagt. Dann erläuterte mir Herr S. sein Geschäftsmodell, und ich wusste sofort, dass das nicht sauber ist. Dann: Er wolle mich buchen, einmal pro Woche, um seine Leute fit zu machen. Was ich kosten würde.

Ich sagte, dass meine Kunden mich verwöhnen, und nannte meinen Tagessatz. Und dass ich nur nach Vorkasse arbeite.

Und dann wurde die ganze Kulisse lächerlich. Er fing an, mir lächelnd seine gebleichten Zähne zu zeigen und ganz billig zu verhandeln: Ich würde ihn nicht verstehen, er will mich doch jede Woche buchen. Also jede.

Ich hielt die Linie: Ich verstehe durchaus. Aber mein Kalender ist voll. Mein Honorar, wie es ist. An jedem Tag in jeder Woche.

Er versuchte es anders: Ich solle ihm einen Blankovertrag schicken, er würde eine Zahl reinschreiben. Ich könne dann ja entscheiden, ob das für mich okay sei.

Ich sagte sinngemäß: »Bei allem Respekt, aber meine Mama hat ihre Künstlerkarriere auch mit Malen nach Zahlen angefangen. Ich gehe nicht davon aus, dass Sie die Zahlen nachmalen möchten, die in meinem Auftrag stehen.«

Er lächelte gar nicht mehr. Dann versuchte er es noch mal ganz anders: Er wollte mir meinen Tagessatz zugestehen und fragte, ob mir zwei Tage ausreichen würden, einen Gesprächsleitfaden für seine Vertriebler zu erstellen.

Ich antwortete ihm, dass ich mich jetzt beleidigt fühle. Ich bin vielleicht blond und blauäugig. Aber ob er wirklich glaubt, ich würde ihm für zwei Tagessätze einen Gesprächsleitfaden erstellen, der das Zehnfache wert ist?

Sein Gesicht fror vollends ein. Er stand auf und meinte, er würde es sich überlegen, ob er mich beauftragen will, und ging.

Ich sagte zum übrig gebliebenen Vertriebsleiter: »Ich glaube, der mag mich nicht.« – »Er verliert nicht gern«, meinte der.

Ein paar Monate später war die Show des Herrn S. zu Ende. Er zog um in die Obere Kreuzäckerstraße im Frankfurter Norden. Wer die Straße nicht kennt: Da wohnen Menschen, wenn ein Gericht der Meinung ist, sie sollten einige Zeit unter staatlicher Aufsicht über ihr Handeln nachdenken. Meine Unbeugsamkeit hatte mich davor bewahrt, einer in der Reihe der vielen Geschäftsleute zu werden, deren Rechnungen der feine Herr nicht bezahlt hatte.

Seien Sie nicht nett!

Warum ich das erzähle: Wer auf Dauer Erfolg haben will, wer im Leben wirklich was leisten will, muss ehrlich bleiben und darf sich niemals kaufen lassen. Niemals unecht werden. Das gilt für jeden Einzelnen im Berufsleben im Kleinen, und das gilt für die Gesellschaft insgesamt. Und dazu gehören manchmal auch harte Entscheidungen.

Manchmal muss ich dann eben ein Geschäft ausschlagen. Manchmal muss ich dann eben einem Mitarbeiter die Gehaltserhöhung verweigern. Manchmal muss ich dann eben eine Mitarbeiterin entlassen, die zwar nett ist, aber dauerhaft weniger leistet, als sie kostet. Manchmal muss ich dann eben einen Kunden rauswerfen, weil er immer zu spät zahlt. Im Großen wie im Kleinen: Es ist fair, seine Interessen zu verteidigen und sich durchzusetzen. Auch wenn das dann mal nicht so menschlich und lieb rüberkommt. Auch wenn man dann manchmal aneckt. Auch wenn dann mal jemand beleidigt ist. Auch wenn dann mal jemand schlecht über dich redet.

Eines allerdings ist sicher: Nett sein zu wollen, kostet einen Preis. Sich nichts verbieten zu lassen, ist teuer. So richtig teuer. Wer ständig signalisiert, wie gut er ist, wird am Ende ausgenommen wie eine Weihnachtsgans. Wir sind besser dran und die Menschheit hat mehr davon, wenn wir nicht nett sind, sondern eine Haltung vertreten.

7
»Die letzten Jahre krieg ich auch noch rum!«

Um es mal ganz klar zu sagen: Ja, die nachwachsende Generation ist verwöhnt, verweichlicht und ihr geht's zu gut. Keine Frage. Die haben vor allem überhaupt keinen Grund, auf uns, auf ihre Elterngeneration oder Großelterngeneration zu schimpfen und hüpfend mit dem Finger auf uns zu zeigen. Geleistet haben sie noch gar nichts.

Aber wir, die ältere Generation, sind inzwischen auch nicht mehr besser. Auch wir reißen nichts mehr. Offenbar geht es uns auch zu gut.

Dabei haben die Älteren so viel erreicht! Sie haben das Land aus den Trümmern des Zweiten Weltkrieges wieder aufgebaut und von den Giftmüllhalden im Osten befreit. Sie haben Europa neu geordnet und vielen früheren Ostblockländern den Weg zum Wohlstand gezeigt. Die stinkenden und verseuchten Gewässer überall haben sie sauber gemacht. Der Regen ist nicht mehr sauer, und das Ozonloch geht gerade wieder zu.

Als ich ein Kind war, konntest du hinter einem Auto mit laufendem Motor nicht atmen, so viel Dieselruß kam da raus. Heute saugen manche Dieselautos vorne mehr Feinstaub an, als sie hinten ausstoßen. Benzin ist heute bleifrei – in meiner Kindheit waren Autoabgase bläulich durch das Blei. In den Sprühdosen waren überall Fluorchlorkohlenwasserstoffe (FCKW) drin, heute geht's auch ohne. Früher gab es Contergan-Kinder mit fehlenden Gliedmaßen, und es gab Kinderlähmung, heute passiert so was nicht mehr. Toi, toi, toi. 1970 gab es in Deutschland 100 Verkehrstote pro 100.000 Autos, sagt das Statistische Bundesamt. Heute gibt es drei Mal so viele Autos, aber nur noch fünf Verkehrstote pro 100.000 Autos. Was für eine Entwicklung!

Als ich ein Kind war, verhungerten anderswo auf der Welt massenhaft Kinder, und Milliarden Menschen lebten im Elend. Heute ist der Wohlstand auf der ganzen Welt viel höher, die statistische Lebenserwartung ist laut dem Berlin-Institut für Bevölkerung und Entwicklung stark gestiegen und liegt weltweit schon bei über 70 Jahren, Tendenz steigend. Viel mehr Kinder auf der ganzen Welt gehen heute in die Schule. Große Teile der Welt in China, Indien, Südamerika und vor allem Afrika waren früher fast komplett absolut verarmt, heute geht es sehr vielen Menschen in einigen Regionen sehr viel besser. Manche Weltgegenden, die früher bettelarm waren, stehen uns heute als Konkurrenten im Weltmarkt gegenüber und sind in vielen Märkten dabei, uns mal eben zu überholen.

Insgesamt hat es noch nie in der Geschichte der Menschheit in der Lebensqualität einen so großen Sprung nach vorne gegeben wie in meiner Generation. Der großartige, viel zu früh verstorbene schwedische Professor Hans Rosling (1948–2017) hat darüber ein ganzes Buch mit dem Titel *Factfulness* geschrieben, das einfach nur Freude macht zu lesen.

Meine Generation und die Generation meiner Eltern haben den PC erfunden, das Internet und die Social Media. Die Windräder und die Fotovoltaik, den Flachbildschirm, das Smartphone. Diese Generationen haben Satelliten in die Erdumlaufbahn geschossen und Menschen auf den Mond. Sie haben die Computertomografie erfunden und den Katalysator, die Mobilfunktechnologie, die Organtransplantation, den Laser, den 3-D-Drucker, die Digitalkamera, die Telechirurgie, den Thermomix und noch vieles mehr, was die junge Generation heute selbstverständlich findet.

Wir könnten stolz darauf sein, was wir alles erreicht haben! Sind wir aber nicht. Und wir könnten jetzt mit großer Freude daran arbeiten, den nächsten Schritt zu gehen. Tun wir aber nicht. So viele Leute, die etwa so alt sind wie ich, haben ihren Stolz und die Zuversicht und ihren Biss komplett verloren.

Die sitzen nur noch ihre Zeit ab: bis zum Feierabend, bis zum Wochenende, bis zum Urlaub, bis zur Rente. Das ist eben der Denkfehler, wenn die Leute »Work« und »Life« als Gegensätze betrachten. Ich sprach davon.

Die Leute hassen also ein Drittel ihres Lebens. So könnte ich nie leben! Und sogar die Radiostationen bedienen dieses Denken, weil es alle hören wollen: »Oje, Montag! Leider ist das Wochenende vorbei, hoffentlich ist bald wieder Freitag.« Dann: »Mit unseren Hits kommen Sie gut durch die Woche.« Am Donnerstag: »Noch zwei Tage, dann ist endlich wieder Wochenende.« Und am Freitagnachmittag dann: »Endlich Feierabend! Wir haben die besten Hits fürs Wochenende.« Es ist eine Gehirnwäsche, die Millionen von Menschen völlig normal finden.

Die Sieben-Tage-Woche

Also ich kenne diese Sehnsucht nach dem Wochenende nicht. Meine Woche hat sieben Arbeitstage, weil ich jeden Tag frei habe – ich bin frei zu arbeiten, wann ich will. Und ich will immer. Sicher auch, weil ich mein Ding mache.

Wenn ich in Frankfurt am Main im Stadion bei der Eintracht bin, treffe ich den Leiter der Technikabteilung eines großartigen deutschen Sportwagenherstellers. Der ist auch bei mir auf der Tribüne. Und der sagt: »Mensch, Martin, ich muss dir jemanden vorstellen.« Und ich lerne den Leiter des Außendienstes eines großartigen deutschen Anbieters von Montagetechnik kennen. Fantastischer Kontakt! Aber soll ich den Mann jetzt stehen lassen, weil gerade »Freizeit« ist? Soll ich ihm sagen: »Schön, Sie kennenzulernen, aber wir dürfen jetzt nur über Privates sprechen, weil Wochenende ist. Wenn Sie mit mir über Geschäftliches reden wollen, rufen Sie doch bitte am Montag in meinem Büro an«? Besser geht Business doch gar nicht! Dieses Delta zwischen Arbeitszeit und Freizeit ist ein Phantom.

Und deshalb habe ich auch am Wochenende einen Stapel Visitenkarten dabei. Ist doch logisch. Denn ich lerne ja Leute kennen. So läuft das. Ich bin einer der besten Vertriebsberater Deutschlands. Ich bin immer am Verkaufen. Das ist doch das, was mir Spaß macht!

Ich stehe jeden Morgen auf und freue mich auf den Tag. Jeder Tag ist spannend. An jedem Tag passiert irgendwas Neues. Und so gut wie an jedem Tag geht etwas vorwärts. Wie käme ich da auf die Idee, mich morgens schon auf den Feierabend zu freuen? Weshalb sollte ich das tun? Das kann man doch nur, wenn man sein Leben hasst, oder?

Ja, klar, ich weiß, das kommt natürlich daher, dass ich Unternehmer bin, also immer und grundsätzlich selbstbestimmt arbeite. Und weil ich deshalb beobachten kann, wie aus meinen persönlichen, eigenen Investitionen etwas Großes erwächst. Aber auch schon früher, als Angestellter, habe ich nie gearbeitet, weil ich musste, sondern immer nur, weil ich durfte. Und konnte. Und wollte.

Heute muss ich im Grunde gar nicht arbeiten. Ich habe genug Geld verdient! Ich arbeite trotzdem. Geld ist nicht nur Energie, sondern auch Freiheit. Aber ich sehe das nicht als Freiheit von Arbeit, sondern als Freiheit, um arbeiten zu können. Um etwas zu gestalten. Ich will was machen.

Weil ich finanziell unabhängig bin, bin ich niemandem Rechenschaft schuldig. Keinem Chef, keiner Bank. Aber so habe ich auch schon gedacht, als ich noch nicht so viel hatte, dass es bis zum Lebensende gereicht hätte. Und jetzt ruhe ich mich auch nicht auf dem Geldpölsterchen aus, sondern nehme es in die Hand und arbeite damit. Ich investiere. Ich gründe noch immer

Unternehmen und riskiere mein Kapital. Das müsste ich nicht, aber das ist halt, was für mich Sinn ergibt: Dass ich genau das heute tun kann, habe ich mir erarbeitet.

Dabei mache ich es auch nicht wie die Regierung und werfe mit dem Geld um mich wie ein Matrose auf Landgang: Gerade habe ich ein Auto bestellt. Der Verkäufer fand, ich sollte den Schaltknüppel aus Metall dazu bestellen. Der kostet nur 600 Euro mehr. Bei einem Auto für 192.000 Euro ist das ja kaum der Rede wert, oder? Falsch! Ich habe gefragt: »Merke ich da einen Unterschied, wenn der Schaltknüppel aus Metall ist?« – »Nein«, gab der Verkäufer zu. Also habe ich den weggelassen. 600 Euro haben oder nicht haben. Logisch, oder?

Dafür sind ja auch die Einstiegsleisten mit meinem Logo richtig teuer. Aber die will ich eben haben. Ich muss mein Geld nicht ausgeben, aber ich kann. Ich kann mit meinem Geld machen, was ich will. Die Regierung macht das auch, obwohl es einen gewaltigen Unterschied macht, ob du wie ich dein eigenes Geld ausgibst oder das Geld anderer Leute, so wie Politiker das tun. Eigenes Geld investieren Menschen meistens sinnvoll, das Geld anderer Leute fliegt so aus dem Fenster, dass daraus Machterhalt oder Machtzuwachs resultiert. Dafür entwickeln Sie ein Gespür, wenn Sie mit einem Unternehmerblick darauf schauen, wie Politiker mit Geld umgehen.

Bei mir ist es so: Geld zu haben, macht mich nicht zufrieden. Im Gegenteil, es spornt mich erst recht an. Dagegen sind leider viele Leute, die viel weniger Geld haben als ich, schon lange satt und träge geworden. Sie haben genug. Es reicht ihnen. Geld ist für die keine Not, kein Anreiz, kein Ansporn. Es ist halt da.

Sie kennen keinen Mangel. Aber das ist ein Trugschluss. Sie haben nämlich in Wahrheit einen gewaltigen Mangel: einen Mangel an Spaß an der Arbeit. Daran, etwas zur Welt und zur Menschheit beizutragen.

Dabei müssen Angestellte überhaupt nicht so unternehmerisch denken wie Unternehmer. Sie müssen dein Unternehmen nicht lieben, wie du es liebst. Sie müssen nicht mit dem Unternehmen mitfiebern und die größte Freude haben, wenn es sich positiv entwickelt. Es ist völlig okay, wenn sie keine Lust haben, Verantwortung für das ganze Unternehmen zu tragen, wie das ein Eigentümer tun würde. Das kann keiner verlangen.

Aber was ich nicht verstehe: Wenn ich ein Angestellter wäre, dann hätte ich doch Freude und Spaß an meiner Arbeit. In meinem kleinen Bereich würde ich Stolz entwickeln. Das wäre doch alleine schon eine Frage der Berufsehre!

Als ich für meine Eltern eine Wohnung gekauft habe, bin ich mit dem Bauträger bei der Endabnahme durch die Räume gegangen. Wir haben wie üblich die Reklamationen erfasst. In einem Raum waren die Abschlussleisten am Boden total krumm und schief. So was macht mich fassungslos.

Ich meine, das haben doch Handwerker gemacht! Haben die denn keinen Stolz? Haben die am Abend nach einem langen Arbeitstag nicht ein großartiges Gefühl und sagen: »Oh, wow! Schau mal: Diesen Boden habe ich verlegt. Das hier ist mein Werk. So sauber ist dieser Boden verlegt! Und das so schnell! Ich habe dafür gesorgt, dass hier mal jemand schön wohnen kann.« Kennen die das nicht?

Der Bauträger schüttelte den Kopf. Der wusste gar nicht, wovon ich rede. Der kennt das nämlich auch nicht. Ihm geht's genauso wie den Handwerkern: Hauptsache abends pünktlich Feierabend und dann nach Hause. Glotze an, Bier auf, Zeit verschlumpfen.

Klar, aus der Sicht von solchen Leuten bin ich ein Irrer: Der Idiot arbeitet auch noch am Wochenende, obwohl der Geldsack so reich ist, dass er auf einer Yacht rumhängen könnte. Was für ein Verrückter, der spinnt ja, der reißt seine vierzig Stunden bis

Mittwoch runter, und weil's so schön war, hängt er gleich noch mal vierzig Stunden dran.

Ja, das ist eine Frage der Perspektive. Aber meine Perspektive ist: Ich finde es irre, keinen Spaß, keine Freude, keinen Stolz bei der Arbeit zu haben. Denn dann wäre die Arbeit ja reine Zeitverschwendung. Dienst nach Vorschrift. Und das Geld wäre reines Schmerzensgeld, kein mit aufrechter Haltung verdienter Lohn. Wie verrückt ist das denn?

Ich weiß ja, dass es bei vielen Leuten genauso ist. Und ich habe mich gefragt, warum. Was denken die Leute, deren Leben erst nach Feierabend beginnt? Was ist das für eine Einstellung? Was steckt dahinter? Warum haben die Leute keinen Biss?

Ich komme immer auf die gleiche Antwort: Weil es keine unmittelbaren Konsequenzen hat, keinen Biss zu haben. Der Arbeitsmarkt ist günstig. Jeder Dodo bekommt heute einen Job. Und wenn nicht, passiert auch nichts Schlimmes. Not muss in Deutschland, Österreich oder in der Schweiz niemand leiden, egal ob es im Augenblick einen einigermaßen bequemen Job gibt oder nicht.

Einerseits finde ich das gut, weil ich ja niemandem Not an den Hals wünsche. Andererseits: Was passiert, wenn einer jahrelang ohne Biss, ohne Ehrgeiz und ohne Freude arbeitet? Du gewöhnst dich ans Nichtleisten und wirst automatisch so unproduktiv, dass du – ob mit oder ohne Job – eine Belastung für die Gesellschaft wirst.

Irgendwann landen die Schlaffis in der Rente. Dann machen sie ein bisschen was im Garten, dann wird's langweilig. Dann versuchen sie mal die Spülmaschine einzuräumen, stehen dabei in der Küche auch nur im Weg rum. Vielleicht suchen sie sich irgendwo einen Nebenjob als Hausmeister oder so was. Aber nichts ist mehr spannend. Nichts macht mehr Spaß. Zu Hause leben sie ohnehin schon seit Jahrzehnten in einer Wohngemeinschaft statt in einer Paarbeziehung. Auch langweilig.

Das ist ein Zerrbild, eine Karikatur? Glaube ich gar nicht. Ich denke, dass es so ist.

Meinem Vater habe ich das Leben verlängert, indem ich ihn gefordert habe. Er hatte überhaupt keine Hobbys, also habe ich ihm im Ruhestand neue Aufgaben gegeben: In eine Firma habe ich ihn als Gesellschafter reingenommen. Dann habe ich ihn als Bauleiter mein Haus umbauen lassen. Glauben Sie mir: Zu viel Ruhe und Bequemlichkeit verkürzen nur das Leben.

In Rente werde ich niemals gehen. Solange ich noch irgendwas machen kann, wofür es Kunden gibt, werde ich das machen. Und ich werde ein bisschen mehr angeln. Vielleicht lerne ich noch Fliegenfischen. Aber sicher nicht fünf Tage die Woche!

Das Rentner-Ideal ist übrigens auch so eine Gehirnwäsche. Alle freuen sich auf den Ruhestand, um dann endlich nichts mehr tun zu müssen. Wenn es in den Fernsehnachrichten um die Rente geht, sehen wir fast immer ein Foto mit einem Rentnerpärchen auf einer Parkbank von hinten. Achten Sie mal darauf. Die Botschaft lautet zuverlässig: Rentner dürfen sich endlich ausruhen und untätig sein. Dabei ist Untätigkeit das Schlimmste für ein erfülltes Leben. Und das staatlich vorgegebene Renteneintrittsalter (»Rente mit 67«) verdonnert die Leute sogar zur Untätigkeit. Auch die, die wirklich Lust haben, weiter Leistung zu bringen.

Statt untätig zu sein, habe ich gerade wieder eine Idee: Ich werde mir auf meinem Grundstück einen Beachvolleyballplatz bauen. Dann kann ich Kumpels einladen und spielen. Solche Ideen werde ich auch noch mit 80 Jahren haben. Ich werde immer etwas machen, was Spaß macht. Und das meiste davon wird wertschöpfend sein und dieser Gesellschaft etwas hinzufügen und nicht Ressourcen verbrauchen oder anderen Leuten die Zeit stehlen.

Wenn ich mich umschaue, dann sehe ich bei den meisten Leuten aber eine ganz andere Haltung: Ich sehe ein Land in der Hängematte. Erschöpft vom Wohlstand. Satt, gelangweilt, stumpf, übergewichtig, chronisch krank, vor sich hintrottelnd. Dem Schicksal hingegeben, ziellos, willenlos, kein Kampfgeist, keine Freude am Wettbewerb, ängstlich.

Und so sind wir eben auch keine Vorzeigegesellschaft mehr. Wir sind Made im Speck statt »made in Germany«. Wir sind nicht mehr die Vorbilder, zu denen die ganze Welt mal aufgeschaut hat. Und bald spionieren auch die Russen und Chinesen nicht mehr auf den Messeständen deutscher Maschinenbauer herum. Weil wir Dodos bald nichts mehr entwickeln. Wir verlieren unsere Zukunftsperspektive. Wir verbrauchen den Wohlstand, den wir zwischen 1950 und 2000 aufgebaut haben.

Und dann sind wir ein Auslaufmodell. Da ist halt leider niemand, der uns in den Hintern tritt.

Manche bekommen vom Leben einen Tritt in den Hintern. Manchmal ganz überraschend. Und dann wehren sie sich! Ich habe einen jungen Mann kennengelernt, der war Stahlarbeiter. Schweißer im Stahlwerk. Eines Abends hat sein Nachbar in der Umkleide versehentlich seine Spindtür offen gelassen, und da lag seine Gehaltsabrechnung drin. Aus Neugier hat der Junge draufgeschaut: Der andere war 25 Jahre älter. Und hatte gerade mal 300 Euro brutto mehr.

In diesem Augenblick wusste der junge Mann, dass er etwas unternehmen musste. Das konnte, nein, das durfte nicht seine Lebensperspektive sein! Er musste sofort kündigen!

Also saß er vor mir und bewarb sich bei mir um einen Job: Er wollte Verkäufer werden und sein Glück suchen. Er hatte es kapiert. Er war noch nicht abgestumpft, noch nicht satt. Er bekam gerade noch rechtzeitig die Kurve.

Solche Leute brauchen wir.

TEIL 2

Abpfiff!
Was passiert, wenn keiner mehr was leisten will

8
China übernimmt

Wenn das alles nicht so falsch ist, worüber ich mir in diesem Buch bisher Luft gemacht habe, dann frage ich mich: Wohin führt uns dieser leistungsmüde Zustand, in den unsere Gesellschaft hinüberdämmert? Was sind die Auswirkungen davon für uns alle, auch für die leistungswillige Minderheit?

Es ist ja schön, wenn die Deutschen Weltmeister im Moralzehnkampf werden wollen: Das humanste, umweltfreundlichste, klimaneutralste, friedlichste, antifaschistischste, arbeitnehmerfreundlichste, sozialste, antirassistischste, frauenfreundlichste und toleranteste Land der Welt. Ja, schön! Aber was bringt das alles, wenn am Ende nicht mehr unsere Werte zählen, sondern zum Beispiel die der Volksrepublik China?

Nehmen wir chinesische Unternehmen, die unseren Mittelstand aufkaufen und damit die Technologie abziehen – also das Wissen, im Grunde den einzigen Rohstoff, den Deutschland hat. Wer denkt das zu Ende? So gut wie niemand. Obwohl wir am Ende der Dodo sind, der untätig dabei zuschaut, wie die Seeleute sein Weibchen töten, rupfen, grillen und aufessen. Wir sollten es dringend zu Ende denken und vor allem darauf möglichst schnell klug reagieren. Bevor es zu spät ist.

Nur um das mal klarzustellen: Ich habe überhaupt nichts gegen Chinesen, also die Menschen. Was ich gefährlich finde, ist die chinesische Politik. Was vielen nicht klar ist: China ist im Grunde ein einziges großes Unternehmen, das keinerlei staatlicher Kontrolle unterliegt. »99 der 100 größten börsennotierten Unternehmen in China sind mehrheitlich in Staatshand«, schreibt der Bundesverband der Deutschen Industrie e.V. (BDI).[20]

Sie pfeifen auf die WTO

Die einzige Kontrollinstanz, der China theoretisch unterliegt, ist die Welthandelsorganisation (WTO). Der ist China 2001 beigetreten. Die WTO soll im Grunde für einen fairen Wettbewerb sorgen. Der BDI sieht da in Sachen China jede Menge Defizite: So habe sich »die weitverbreitete Erwartung, dass sich das Land tatsächlich in eine offene und hauptsächlich marktbasierte Volkswirtschaft entwickelt, nicht erfüllt. Die chinesische Regierung (…) tut oft nur das Minimum, um Verpflichtungen nachzukommen. (…) Außerdem nimmt der Staat, anders als zugesagt, übermäßig Einfluss auf die Wirtschaftsaktivitäten.«

Und China expandiert auf seine Weise. China kauft die Welt einfach schleichend. Wozu Eroberungskriege, wenn es doch viel unauffälliger geht?

Wussten Sie zum Beispiel, wem Volvo gehört? Also der Pkw-Hersteller Volvo Cars? Dem chinesischen Unternehmen Geely. Auch nach dem geplanten Börsengang von Volvo Cars soll Geely die Mehrheit behalten.[21] Oder die Hotelkette Steigenberger: Sie gehört der chinesischen Huazhu Group.[22] 2019 hat das chinesische Staatsunternehmen CRRC die Lokomotivenbausparte des deutschen Vossloh-Konzerns gekauft, gegründet 1888 in Westfalen.[23] Der chinesische Midea-Konzern kaufte den 1898 in Augsburg gegründeten Maschinenbauer Kuka, der zu den führenden Anbietern von Industrierobotern zählt. Das ist der Ausverkauf, von dem so oft die Rede ist. Die Werte wandern ab. Das Dodo-Weibchen brutzelt auf dem Grill.

Und mit dem Ausverkauf der materiellen Werte droht der Ausverkauf der ideellen Werte: Das Individuum zählt in China so gut wie gar nicht, Menschenrechte ebenso wenig. China ist nach wie vor ein kommunistisches Land, auch wenn es wie eine Holding agiert. Und China baut seine Macht aus, indem es Stück für Stück Einfluss auf die Wirtschaft europäischer Länder gewinnt. Diese Entwicklung befördern wir, wenn wir Produkte kaufen, an denen China verdient. Viele von uns wissen gar nicht, an welchen Produkten China so profitiert. Den wenigsten in Dodoland ist klar, mit welchen Kaufentscheidungen sie den Ausverkauf beschleunigen.

Mit dem Ausverkauf …

Und nicht nur China kauft ein: Die Aufzugsparte von Thyssen-Krupp – Gründungsjahr des Ursprungsunternehmens im Ruhrgebiet ist 1891 – wurde von einem Konsortium aus einem amerikanischen, einem britischen und einem deutschen Finanzinvestor gekauft. Industrie-Know-how wird also zur Spekulationsmasse. Das ist fatal! Der Automobilzulieferer und Leuchtenspezialist Hella, gegründet 1899 in Lippstadt, wurde jetzt vom französischen Wettbewerber Faurecia aufgekauft. Das 1929 in München gegründete Verkehrstechnikunternehmen Schaltbau liegt im Einkaufswagen des US-Finanzinvestors Carlyle. Und so weiter.

Auch neuere deutsche Unternehmen sind begehrt: Der Finanzinvestor Hellman & Friedman aus San Francisco hat sich im Jahr 2020 bereits den Münchner Online-Automarktplatz Autoscout24 geschnappt und bietet jetzt für den größten deutschen Online-Heimtierbedarf-Händler Zooplus ungefähr satte 2,8 Milliarden Euro.

Gerade eben ist der große deutsche Immobilienmakler Engels & Völkers, gegründet 1977 in Hamburg, vom englischen Finanzinvestor Permira gekauft worden. Der Kaufpreis für die 60 Prozent Anteile ist unbekannt, das *Handelsblatt* schätzt ihn auf 400 Millionen Euro.[24]

Im Jahr 2018 haben ausländische Unternehmen mit einer Gesamtsumme von über 500 Milliarden Euro deutsche Unternehmen aufgekauft, hat die Deutsche Bundesbank ausgerechnet. Die US-Amerikaner sind dabei am meisten bei uns shoppen gegangen und haben knapp 100 Milliarden Euro ausgegeben. Großbritannien knapp 50 Milliarden, Niederlande 34 Milliarden, Japan 33 Milliarden. Das sind so ungefähr die jährlichen Größenordnungen, auch wenn die Coronakrise die Übernahmen 2020 vorübergehend ein wenig ausgebremst hat.

Ja, natürlich haben auch deutsche Investoren im Ausland Unternehmen übernommen. Und ja, das gehört zur Globalisierung dazu. Und ja, es ist auch ein gutes Zeichen, wenn ausländische Investoren Interesse an deutschen Unternehmen haben, denn das zeigt ja, dass die gut sind. Nur der Punkt ist: Die Substanz, die wir seit der Gründerzeit im 19. Jahrhundert und vor allem in der zweiten Hälfte des 20. Jahrhunderts aufgebaut haben, all die deutschen Familienunternehmen – diese Substanz bröckelt. Wir rutschen ab, wir führen die Märkte nicht mehr an, wir machen nur noch mit. Und wir werden links und rechts überholt, während anderswo ganz neue Branchen, Technologien und Märkte entstehen.

Also Protektionismus statt Freihandel? Schwierige Frage. Sicher hat die internationale Vernetzung viel Gutes gebracht, nur sollte der Handel eben auch fair sein. Im Stahlstreit zwischen der EU und den USA 2002 hat der damalige US-Präsident George W. Bush (* 1946) europäischen Stahl mit Einführzöllen von bis zu 30 Prozent belegt. Da meckern wir Europäer, während wir zugleich unsere Industrie an China verkaufen, von wo wir dann billig einkaufen. Da stimmt insgesamt etwas nicht. In jedem Fall aber muss kein Industrieller und auch kein Vorstand einer Aktiengesellschaft ein Unternehmen an chinesische Investoren verkaufen. Diesen Verrat muss eigentlich niemand begehen. Und darüber, dass die deutschen Gasspeicher in der Hand des russischen Energieversorgers Gazprom liegen, sprechen wir gleich noch im Kapitel über Energie.

... kommt der Qualitätsniedergang

Parallel erleben wir noch eine ganz andere besorgniserregende Entwicklung: Die Qualität geht den Bach runter. Und das in mehrerer Hinsicht. Ich selbst fahre ja zum Beispiel oft mit dem Taxi. Also als Fahrgast. Und ich muss Ihnen sagen: In Städten wie Köln oder Berlin werden die Taxifahrer immer schlechter. Inzwischen hat es auch München erfasst, wo Taxifahrer über Jahrzehnte freundlich-knurrige ältere Münchner Originale waren, die immer auch gute Tipps für die Stadt hatten. Heute scheitern Taxifahrer schon am Eintippen von Straßennamen ins Navi.

Bereits 2013 hat der damalige Präsident des Deutschen Taxi- und Mietwagenverbandes Michael Müller geklagt, für gute Leute sei der Job als Taxifahrer nicht mehr attraktiv.[25] Das Problem ist das gleiche wie beim Qualitätsniedergang von Paketdiensten: Heute haben Sie Glück, wenn der Paketfahrer tatsächlich zu Ihnen kommt und klingelt. Es ist auch nicht gesagt, dass Ihr Paket dann irgendwo zur Abholung liegt, sondern es geht oft einfach zurück an Absender. Und versuchen Sie mal, bei einer Hotline zu erreichen, dass der Fahrer das Paket im Laden abgibt, wenn er intellektuell nicht in der Lage ist, Ihre Adresse zu finden – das können Sie vergessen.

Wobei kaum jemand den Zusammenhang herstellt. Das unfähige Personal und die kundenfeindlichen Prozesse sind Folgen des Ausverkaufs: Der Unternehmergeist schwindet; ein raffgieriges Management übernimmt; es bezahlt die Leute so schlecht, dass »Hartzen« attraktiver ist, dem Management ist die Kundenzufriedenheit völlig schnuppe, und so geht die Qualität den Bach runter. Durch das Dumping vertreiben solche Unternehmen dann die guten vom Markt. Das betrifft immer mehr Branchen. Es geht immer weiter bergab – bis das Land nicht mehr lebenswert ist.

Und wir ziehen den Bogen zurück zum Recruiting: Irgendwelche Leute zu bekommen, ist heute nicht das Problem. Das Problem ist, gute Leute zu bekommen. Leute mit einem gewissen Grad an Alphabetisierung und einem gewissen IQ.

Und dieser Niedergang ist in zahlreichen Städten zu beobachten – da müssen Sie nur die Augen aufmachen. Das alte Knolleviertel in Bonn-Bad Godesberg ist so ein Beispiel, über das der Deutschlandfunk berichtet: »Das Stadtbild hat sich in den letzten Jahren drastisch verändert. Nicht unbedingt zum Guten, so empfinden es die alteingesessenen Bad Godesberger«, heißt es. Konkret: Ramschläden, Imbisse, Handyshops. Und die Kriminalität steigt.[26] So verwahrlosen viele Stadtteile in Deutschland – eine bekannte Dynamik, bei der jede Stadtentwicklung versagt. Solche Viertel ziehen am Ende nur noch Leute an, die sich in diesem Umfeld wohlfühlen. Wer was draufhat, zieht weg.

Und so ziehen das Kapital, die klugen Köpfe und die Technologien eben insgesamt weg. Was dieses Land einmal ausgemacht hat, Qualitätsarbeit, Zuverlässigkeit – alles das wandert aus. Die Hightechindustrie verkauft uns jede Menge Konsumprodukte, ohne Steuern zu zahlen, und wir sitzen nur noch vor Bildschirmen und haben keine Ideen mehr. Die produktive Mitte der Gesellschaft zahlt sich dafür dumm und dämlich an Steuern und Abgaben und wird gefühlt immer kleiner.

Immer weniger Menschen wollen sich das gefallen lassen. Unser Strom ist zwar noch immer nicht der sauberste, aber dafür schon der teuerste der Welt, keiner kann mehr Vermögen aufbauen, wir sind im Alter arm wie Kirchenmäuse, weil die Rente floppt und wir keine Mieteinnahmen haben, die Schulen und Autobahnbrücken bröckeln vor sich hin, während wir mehrere Jahrzehnte an Flughäfen und Bahnhöfen herumbauen, für die Salamander und Käfer umgesiedelt werden. Am Ende werden wir als Wirtschaftsnation Stufe um Stufe nach unten durchgereicht.

Also nichts gegen Salamander und Käfer, bitte. Nur: Einem Land wie China sind die Salamander und Käfer völlig schnuppe. Dort bauen die Herrscher auf, was sie aufbauen wollen, ohne

Rücksicht auf Mensch und Natur. Ohne Bebauungsplan und Einspruchsfrist. Sind Dörfer und Städte mit 5 Millionen Menschen einem Staudamm im Weg, dann kommen diese Städte und Dörfer halt weg.[27] Dadurch kann China billig produzieren. Und weil der Schrott so schön billig ist, kaufen wir ihn. Es ist eine sehr gefährliche Schwachsinnsspirale nach unten: Durch unser eigenes Konsumverhalten zerstören wir am Ende unsere Wertschöpfung und unsere Potenziale. Billig, billiger, tot.

Stellen wir uns mal hinten an

Wir tun zugleich immer so, als würden wir mit den USA, Japan und China zu den großen Geigen im Orchester der Weltwirtschaft gehören. Wir spielen bei den G7-Treffen mit, und unsere Politiker reden permanent davon, dass wir doch so ein reiches Land wären.

Aber wir sind in Wahrheit nur noch die leiseste Flöte. Die Schweiz immerhin steht nach Zahlen des Internationalen Währungsfonds (IWF) beim Bruttoinlandsprodukt pro Kopf noch auf Platz 10 in der Welt. Aber Deutschland ist auf Platz 18 abgerutscht, und Österreich steht sogar nur auf Platz 22.

Außerdem: Es gibt 32 Länder, deren Einwohner eine höhere Lebenserwartung haben als die Deutschen. Und die Lebenserwartung korreliert eng mit dem Wohlstand.

In den weltweiten Bildungsrankings surft Deutschland schon seit Längerem nur noch im Mittelfeld, was uns erst durch den PISA-Schock vor etwa 20 Jahren öffentlich bewusst wurde.

Besonders krass finde ich, dass Deutschland beim renommierten Index für die wirtschaftliche Freiheit der Heritage Foundation und des Wall Street Journals auf dem 16. Platz rangiert (Stand: März 2022).[28] Bei diesem Index geht es unter anderem um Rechtsstaatlichkeit, die Höhe der Staatsausgaben, die unternehmerische Freiheit, das Ausmaß der Regulierung des Arbeitsmarkts oder die Freiheit von staatlichen Eingriffen in die Preisbildung. In Ländern wie Estland, Taiwan und Island ist die wirtschaftliche Freiheit deutlich höher als bei uns. Die Schweiz rangiert hier übrigens in der Spitzengruppe, während Österreich auf Platz 22 liegt. Spitzenreiter unter den wirtschaftlich freiesten Ländern ist seit Jahren Singapur.

Hier, bei der Freiheit, liegt der Hase im Pfeffer: Obwohl wir in den ersten fünf Jahrzehnten des Bestehens der Bundesrepublik Deutschland so positive Erfahrungen mit der marktwirtschaftlichen Leistungsgesellschaft gemacht haben, steuern unsere Politiker seit etwa zwei Jahrzehnten Schritt für Schritt wieder auf Sozialismus und Staatswirtschaft zu – und damit weg von Freiheit, Leistung, Unternehmertum und Wohlstand.

Und das trotz unserer Erfahrungen mit einem sozialistischen Staat auf deutschem Boden. Und jetzt mal für alle Ostalgiker, die die DDR durch ihre rosarote Brille betrachten und verklären: Nein, die DDR war nicht pluralistisch und tolerant. Sie hat vom Individuum verlangt, dass es sich einer Doktrin unterordnet – als »Jungpionier«, in der Jugendorganisation »Freie Deutsche Jugend« (FDJ), in der Partei. Kinder lernten als erstes Gebot: »Wir Jungpioniere lieben unsere Deutsche Demokratische Republik«.[29] Selbstständigen hat es die DDR möglichst schwer gemacht – zum Beispiel durch Steuersätze von bis zu 98 Prozent.[30] Den Machthabern war jeglicher Individualismus verhasst, das gehört zum Wesen von Sozialismus und Kommunismus.

Und wenn einer sagt, das in der DDR sei »gar kein richtiger Sozialismus« gewesen: Welche Beleidigung für von den Nazis verfolgte Kommunisten wie Wilhelm Pieck (1876–1960), Walter Ulbricht (1893–1973) und Erich Honecker (1912–1994)! Diese kommunistischen Politiker, die den Nazi-Terror überlebt haben, Honecker als Gefangener in Deutschland, haben in der Regie der zweifellos kommunistischen Sowjetunion nach dem Krieg genau das aufgebaut, was die Sowjetunion unter Sozialismus verstand.

Welcher der vielen kläglichen Versuche eines Sozialismus war denn sonst Sozialismus, wenn nicht die DDR?

Keine Geisteshaltung, um Weltspitze zu sein

Also müssten wir es doch wissen! Wir müssten es genauso gut wissen wie die Koreaner, die seit über 70 Jahren das gleiche Experiment mit einem geteilten Land durchführen: Nordkorea ist Staatswirtschaft, Südkorea eine freie, private Marktwirtschaft. Auch hier das gleiche Ergebnis: In Südkorea herrscht immenser Wohlstand in der breiten Bevölkerung, Nordkorea dagegen ist bettelarm und in allem abgehängt. Aufrechterhalten lässt sich das Konstrukt nur durch diktatorische, totalitäre Gewalt. Kuba, Venezuela, die sozialistischen afrikanischen Staaten, Osteuropa vor 1990 – überall das gleiche Elend. Kein sozialistisches Land war jemals ein freies Land.

Doch obwohl die Geschichte und auch die Gegenwart uns lehren sollten, dass kollektivistische Gleichmacherei gefährlich ist, greift die Politik immer wieder ins natürliche Spiel der Kräfte ein.

Nehmen wir ein völlig banales Beispiel, die Mietpreisbremse, im Land Berlin als »Mietendeckel« bekannt. Wer klagte dagegen? Ausgerechnet die sozial eingestellten Wohnungsbaugesellschaften. »Der Mietendeckel hindert uns an der Erfüllung unseres Auftrags, ein nachhaltiges und sozial ausgewogenes Wohnungsangebot sicherzustellen«, sagte Dirk Enzensberger von der Charlottenburger Baugenossenschaft dem *Spiegel*.[31] Wie es für jeden Menschen mit ein wenig ökonomischem Verstand vorauszusehen war, raubte die Aktion den Wohnungsunternehmen die Investitionsmöglichkeiten für Neubauten.[32] Sie war einfach undurchdacht wie die meisten sozialistischen Entscheidungen.

Und mit dieser Geisteshaltung werden wir eben nicht Weltspitze. Nur in einem Ranking sind wir immer weiter aufgestiegen und seit 2020 klar Weltmeister: Nirgendwo auf der Welt sind die Bürger und Unternehmen laut der Organisation für wirtschaftliche Zusammenarbeit und Entwicklung (OECD) so stark mit Steuern und Abgaben belastet wie in Deutschland. Na, herzlichen Glückwunsch!

Entsprechend finanzieren den ganzen Wahnsinn ganz wenige Fleißige. Die Politik lässt den Staat zugleich immer fetter werden, als müsste man Geld einfach nur drucken: Bund, Länder und Gemeinden haben im Jahr 2020 knapp 1,7 Billionen Euro ausgegeben, sagt das Statistische Bundesamt. Vor fünfzehn Jahren war es erst eine Billion, was schon wahnsinnig genug war. Wir reden also von 70 Prozent Steigerung! In der gleichen Zeitspanne stiegen die öffentlichen Schulden von 1,5 Billionen auf 2,2 Billionen Euro. Das heißt: Nicht nur die Belastungen für die Bürger von heute sind heftig gestiegen, sondern inzwischen sind auch künftige Generationen belastet.

Und warum ist das so? Weil wir alle nicht mehr ökonomisch denken können. Weil wir mit Geld jonglieren, ohne Ahnung davon zu haben, wie Geld im Kern funktioniert. Und weil wir nicht scharf stellen, was Wirtschaft eigentlich ist. Und weil viele denken, Sozialismus sei ein sinnvoller Ansatz. Wegen der angeblich dort herrschenden Gerechtigkeit.

Kein Nährboden für gute Ideen

Auf diese Weise, in einem derart leistungsfeindlichen Land, kann und will dann eben kaum jemand mehr etwas aufbauen. Das Umfeld ist wirtschaftsfeindlich. Wir haben hier in Deutschland keinen guten Nährboden mehr für gute Ideen.

Es ist auch kein Wunder, dass es keine vernünftige Gründerkultur mehr gibt in Deutschland. Die Start-up-Szene will eigentlich gar keine Unternehmen gründen, aufbauen und groß machen – die haben von Anfang an nur den Exit im Kopf. Denen geht's ums »Leveragen«: Sie suchen den Hebel, um das Startkapital leistungslos und so schnell wie möglich in einen möglichst hohen Verkaufspreis zu verwandeln.

Die Investoren sammeln, sagen wir, 100 Millionen Euro ein, davon füttern sie 70 Start-ups an, 60 davon gehen pleite, eines oder zwei gehen durch die Decke, werden verkauft und machen die Milliarden. Die Gründer lassen sich auszahlen, haben ausgesorgt und spielen dann selber Business Angel oder Investor. Oder liegen an Strand rum. Mit nachhaltiger Wertschöpfung oder mit Unternehmertum hat das überhaupt nichts zu tun. Am Ende kaufen sich die internationalen Konzerne bei den Start-ups die Innovationen zusammen, die sie sonst nicht mehr zustande bekommen, weil sie genauso verfettet und erstarrt sind wie die Staaten.

Und das ist schon die nächste Misere: Heute führen kaum noch Unternehmer Unternehmen, also mit eigenem Geld und auf eigenes Risiko. Sondern am Ruder sind angestellte Manager, die selbst noch nie eine Geschäftsidee hatten und ein Unternehmen gegründet haben. Letztlich stehen in den meisten Konzernen Arbeitnehmer an der Spitze. Darum verhalten sich Konzerne am Ende genauso bürokratisch und gehen genauso orientierungslos mit Geld um wie die öffentliche Hand.

Das ist der Trend. Das eigentliche Unternehmertum, bei dem ein Mensch eigenes Geld investiert, spielt immer weniger eine Rolle. Stattdessen übernehmen Bürokraten und Technokraten die Regie. Da die Wirtschaft sich auf diese Weise nicht organisch erneuern kann, wird nach und nach die Substanz ausgehöhlt. Und niemand merkt es! Weil keiner weiß, was Unternehmertum im Grunde ist und warum eine Volkswirtschaft unbedingt Unternehmer braucht. Und Unternehmerinnen natürlich. Wenn in einem Land die Unternehmer fehlen, dann wird der Wohlstand für alle nicht von Dauer sein.

Worum es mir also bei den Gründungen geht: Ich gründe doch kein Unternehmen, um es zu verkaufen! Das ist mir zu viel »Big Business« und zu wenig Unternehmertum, Unternehmergeist, Unternehmerstolz. Für mich geht eine Unternehmensgründung immer noch mit gesellschaftlicher Verantwortung einher. Auch wenn heute alle nur noch an sich selbst denken.

Da imponieren mir der alte Schrauben-Patriarch Reinhold Würth (* 1935), Wolfgang Grupp (* 1942) von Trigema oder der Dübelmacher Klaus Fischer (* 1950). Die haben ihre Familienunternehmen ins 21. Jahrhundert geführt und dabei immer der Versuchung widerstanden, ihr Lebenswerk an Investoren oder Konzerne zu verhökern.

Was sollten sie denn auch mit all den Milliarden anfangen? Noch mehr Immobilien kaufen? Und die dann verwalten? Reinhold Würth hat schon eine Kunstsammlung zusammengesteigert. Weil er nicht alleine vor seinen Gemälden stehen will, stellt er sie in der »Kunsthalle Würth« in Schwäbisch Hall öffentlich aus.[33] Es haben also alle was davon. Was sollten diese Unternehmer auch tun mit dem Geld, das durch einen Verkauf reinkäme? Ins Grab mitnehmen können sie sowieso nichts. Niemand kann das. Was sie können: ihr Unternehmen in bestem Zustand an die nächste Generation weitergeben. Und nur das ergibt Sinn, sofern ein Unternehmen Zukunft hat.

Echte Unternehmer betrachten ihr Unternehmen nicht als Handelsware, sondern als ihr Kind, das sie in die Welt setzen und großziehen. Echte Unternehmer werden auch nicht plötzlich zu Zockern, die bei nächster Gelegenheit ihr Unternehmen verticken, sondern sie bleiben in der Tiefe ihres Herzens Unternehmer. Denn sie unternehmen das, was sie unternehmen, nicht um reich zu werden, sondern um des Unternehmens willen. Und im Dienste der Gesellschaft. Diese Haltung erwarte ich einfach von Gründern!

Ja, natürlich kannst du auch mal ein Unternehmen oder einen Teil davon verkaufen. Das mache ich auch. Manchmal entsteht ein Unternehmen auch gar nicht mit Herzblut, sondern einfach nur aus einer Idee, einer momentanen Chance heraus, als kleines Projekt. Du nutzt die Chance, gründest und verkaufst. Du bringst einfach das Geld aus deinem Kopf aufs Konto. Gut. Das bringt dir neues Kapital, das du woanders investieren kannst, nämlich für das Business, wofür du brennst. Und du kannst auch aus dem operativen Geschäft rausgehen und eine Geschäftsführung einsetzen. Völlig okay. Du musst nicht alles selbst machen. Aber wenn du nicht ein Kerngeschäft hast, für das dein Herz schlägt, wenn du nicht ein Business hast, das du über dein eigenes Leben hinaus weiterentwickeln und weitergeben möchtest, dann bist du in meinen Augen kein Unternehmer.

Mir fehlen die echten Unternehmer. Die was riskieren. Ich sehe sie nicht mehr.

Angsthasen als Gründer

Viele Gründer sind heute eher Angsthasen. Ich kenne da vier junge Gründer, die spiegeln für mich wider, was in den Köpfen der nachwachsenden, potenziellen Unternehmergeneration vor sich geht: Die haben eine Idee für einen speziellen Webshop. Die Idee ist gar nicht so übel. Und was machen sie? Sie bleiben alle in ihren festen Jobs und versuchen, ihren Schuppen nebenher aufzubauen. Warum? Na, um nichts zu riskieren natürlich!

Ich frage sie: »Jungs, wann macht ihr denn endlich den Absprung und legt richtig los?« Die Antwort: »Erst wenn wir genügend Kunden haben, damit das was abwirft.«

Aha. Das heißt: Die vier Unternehmersimulanten arbeiten für ihre Arbeitgeber nur noch mit halber Kraft, aber kassieren nach wie vor die volle Kohle. Mit halber Kraft, denn parallel brauchen sie ja Zeit und Energie für ihren Unternehmensaufbau. Sie wollen also schadenfrei in die Selbstständigkeit rübergleiten, sobald es sicher ist. Die eingebaute Absicherung zahlen die Arbeitgeber. Und mit dieser Einstellung wollen sie dann irgendwann selber Arbeitgeber werden? Um sich dann gegenseitig zu bescheißen und das unternehmerische Risiko vom einen zum anderen zu schieben wie eine heiße Kartoffel? Oder wie stellen die sich das vor?

Also Unternehmer sind das nicht. Die sehen ihre Gründung einfach nur als einen weiteren Job an. Und natürlich wird so nie was daraus. Aber das ist die Einstellung. Niemand wagt mehr was, niemand hängt sich wirklich rein. Was Unternehmertum wirklich bedeutet, ist unserer Gesellschaft fremd geworden.

Harry Belafonte (* 1927), der die Welt der Fünfziger- und Sechzigerjahre mit Hits wie *Matilda* und dem *Banana Boat Song* begeisterte und den heute keiner mehr kennt, hat angeblich gesagt: »Ich habe dreißig Jahre hart gearbeitet, um über Nacht berühmt zu werden.« Ich weiß nicht, ob er das wirklich gesagt hat. Aber das Zitat trifft den Punkt: Jahrelang sein Ding zu machen und etwas gründlich aufzubauen, das hält heute keiner mehr durch. Die Leute wollen entweder Kohle vom Staat oder in zwölf Monaten skalieren – also das Produkt ohne große Kosten millionenfach verticken – und dann den Exit machen. Und die ach so coole Instagram-Blase der erfolgreichen Jung-Start-upper lebt diesen Traum vor.

Neue, wirklich bedeutende Unternehmen entstehen im deutschen Sprachraum doch gar nicht mehr. Die letzten wirklich ernst zu nehmenden Gründer waren Hasso Plattner (* 1944), Dietmar Hopp (* 1940), Klaus Tschira (1940–2015), Claus Wellenreuther (* 1935) und Hans-Werner Hector (* 1940). Sie haben im Jahr 1972 in Weinheim die Firma »Systemanalyse und Programmentwicklung« gegründet – heute die SAP AG mit über 100.000 Mitarbeitern und mehr als 27 Milliarden Euro Jahresumsatz. Das waren die Letzten ihrer Art.

Jedes siebte Kind wächst in Armut auf

Und um mal den Bogen zu einem vorigen Gedanken zu ziehen: Die Kinder von Helikopter-Eltern haben nun mal keinen Mumm in den Knochen. Ist doch völlig klar! Dodos bringen das nicht. Das Durchhaltevermögen ist nicht mehr da. Die sind nicht fokussiert und zu stark abgelenkt. Die Versuchung ist einfach zu groß, andere Dinge zu tun.

So ein handelsüblicher Millennial wechselt doch bis zur Rente 17 Mal den Job. Da gibt es auch keine silberne Hochzeit mehr und erst recht keine goldene. Wenn überhaupt noch geheiratet wird. Es ist eben zu einfach, risikofrei alles Mögliche auszuprobieren. Und da es ja immer irgendwie halbwegs komfortabel weitergeht, ist es auch völlig unnötig geworden, sich richtig anzustrengen.

Und es gäbe so viel zu tun!

Bei uns ist nämlich kaum mehr was so rosig, wie es oberflächlich aussieht: Jedes siebte bis achte Kind in Deutschland wächst in Armut auf. Haben Sie nicht gewusst, oder? Wir bei der Stiftung Kinderlachen[34] bauen Kinderspielplätze, weil sich sonst niemand darum kümmert. Und wir gehen in die Palliativstationen, in denen todkranke Kinder liegen. Da sehen wir keinen Bürgermeister und keinen Parteipolitiker. Und wir sammeln Spenden ein für Medizingeräte in den kaputtgesparten Krankenhäusern, wo sogar noch mitten in der Coronakrise Intensivbetten abgebaut werden, weil kein Geld mehr dafür da ist, während die Krankenkassenbeiträge laufend steigen.

Ich finde: Die Gesellschaft schaut zu wenig hin. Die Menschen machen zu wenig. Statt da anzusetzen, wo es wirklich nötig ist, denken die Leute nur noch an sich selbst. Und so verwalten wir nur noch den Niedergang. Wirtschaftlich ist Deutschland ein Scheinriese. Warum? Weil wir die riesige Substanz, die unsere Privatwirtschaft in der zweiten Hälfte des 20. Jahrhunderts aufgebaut hat, seit zwei Jahrzehnten aufzehren.

Und die Bewohner von Dodoland wollen keine Leistungsgesellschaft mehr. Es ist ihnen egal, wem die Unternehmen gehören und was mit den Menschen um sie herum geschieht. Es ist ihnen wurscht, wo die Produkte herkommen, die sie kaufen und dann auf den Elektroschrott werfen, und wer daran verdient. Unternehmer sein ist zu anstrengend. Also wollen sie noch mehr Staat und noch weniger Privatwirtschaft. Dass die Folge das Ende des Wohlstands bedeutet, sehen sie nicht als Problem an. Warum? Weil sie zu kurz denken. Weil sie weder von Unternehmertum eine Ahnung haben noch von Geld oder Wirtschaft noch von gesellschaftlicher Verantwortung.

9
»Das Internet ist für uns alle Neuland«

Wie wirkt sich das alles aus? Ich sage: Die Leistungsmüdigkeit und Schlafmützigkeit von links bis rechts, von oben bis unten und von hinten bis vorne hat schon immer dazu geführt, dass die Unternehmen den Karren ziehen, auf dem die trägen Bürokraten sitzen. Heute haben die verstaubten Amtsstuben der Bürokraten so viel Übermacht bekommen, dass sie sich einmischen, Zwang auf die Wirtschaft ausüben, den Unternehmen die Luft zum Atmen nehmen und so den ganzen Laden in den Niedergang runterverwalten.

Symptome dafür gibt es schon jetzt jede Menge. Nehmen Sie nur den katastrophalen Rückstand Deutschlands bei der Digitalisierung, konkret bei Glasfaser und Mobilfunk. Funklöcher sogar in Innenstädten sind für den Wirtschaftsstandort Deutschland einfach peinlich. Es liegt wieder mal am Staat – an Ämtern, Ministerien, Bildungsanstalten.

In den Schulen haben Lehrer oft keine Ahnung, was sie mit den iPads anfangen sollen, die das Ministerium ihnen kauft. Overhead-Projektoren wären einfacher. Laut einer Umfrage des Hamburger Marktforschungs-Start-ups Appinio vom Herbst 2021 schätzten nach den Erfahrungen mit dem Lockdown-Fernunterricht rund 60 Prozent der Umfrageteilnehmer die digitale Kompetenz der Lehrkräfte als nicht ausreichend ein.[35] Nicht ausreichend heißt: Schulnote 5 oder 6. Setzen!

Das ist aber gar nicht die Schuld der Lehrer. Erstens sind sie schon ein bisschen in die Jahre gekommen: Laut Daten des Statistischen Bundesamts sind fast 40 Prozent der Lehrer über 50 und jeder achte über 60 Jahre alt, also kurz vor der Pension. Welcher von den längst verholzten Ästen des Lehrkörpers will sich da noch mit Didaktik via Zoom & Co. beschäftigen? Zweitens sind die Lehrer allesamt in ihrer Karriere, ob im Studium oder in der Fortbildung, nie jemals mit digitalen Unterrichtskonzepten in Berührung gekommen. Dazu gab es weder Mittel noch Konzepte. Zur Erinnerung: Bildung ist Sache des Staates. Genauer: der Bundesländer. Wenn aber die Politiker und Ämter beim Staat noch in der digitalen Steinzeit leben, wer soll dann die Samen legen, sodass jemals in der Schule eine digitale Aufklärung aufblühen könnte?

In der Verwaltung wird noch gefaxt.[36] Die sehen das Problem dort überhaupt nicht. Das belegt das Verhalten der letzten Bundesforschungsministerin im Kabinett Angela Merkel (* 1954) Anja Karliczek (* 1971), die kaum jemand kannte. Die sagte glatt: »5G ist doch nicht an jeder Milchkanne notwendig!«[37] Doch, Frau Ministerin! Genau das ist es. Weil nämlich ohne Internet überhaupt nichts mehr läuft. Die Arroganz zu glauben, an bestimmten Orten schaue niemand etwas bei Google nach oder schicke jemand keine Sprachnachrichten per Whatsapp, finde ich unfassbar. Und als würden Geschäftsleute wie ich nicht auch an Milchkannen vorbeifahren und die Zeit im Auto – mit Chauffeur natürlich, nicht am Steuer – zum Arbeiten nutzen! Wie kann man nur so lebensfremd sein? Während in anderen Ländern das Internet schnurrt und darum auf jedem einzelnen Quadratmeter Business möglich ist, kannst du in Deutschland kein Telefonat zu Ende führen, ohne dass die Verbindung abreißt. Du kannst keine Dateien versenden, weil du gerade mal wieder kein Netz hast. Und wenn du irgendwo ein Büro aufmachst, musst du wochenlang kämpfen, um irgendwoher eine Leitung zu bekommen. Ist die DSL-Leitung dann mal da, macht sie erst mal wochenlang Zicken. Ich kenne kaum Leute, die keine geschäftlichen Probleme mit der grauenhaft schlechten Internetabdeckung haben. Es ist eine Schande. Aber weil die Gestalter dieses Landes eben keine Ahnung von den Notwendigkeiten haben, ändert sich daran seit Jahren nichts. »Das Internet ist für uns alle Neuland«, hatte Merkel im Jahr 2013 behauptet.[38] Das Internet war längst unabdingbar für Tausende von Unternehmen, aber das schien an der Politik vorbeigegangen zu sein. Es ist, als hätte ein Regierungschef im Jahr 1900 gesagt, die Eisenbahn sei »für uns alle« Neuland.

Bitte, bitte, gebt mir Internet!

Im dezentral organisierten Südtirol bekommst du für schmales Geld auf 1800 Metern Höhe im kleinsten Kaff von der Gemeinde Breitband-Internet. Im riesigen und teilweise dünn besiedelten Rumänien gibt's Internet überall – und zwar schon lange und schnell. Sobald du auf der Autobahn nach Polen rüberfährst, hast du stabiles Netz. Die Schweiz ist mit 5G fertig, bevor in Deutschland auch nur ein Mast steht. Soll mir keiner erzählen, es wäre in einem Flächenland wie Deutschland eben schwierig.

Ein Unternehmerkollege hat mitten in Konstanz ein Büro aufgemacht. Immerhin eine Stadt mit 86.000 Einwohnern und zwei renommierten Hochschulen. Aber: kein Breitband-Internet für das Büro verfügbar. Mitten in der Stadt! Nur ein mickriges Kupferkabel mit schwankender Minibandbreite von der Telekom. Der Halbstaatskonzern will die paar Meter Glasfaser bis zum Hausanschluss nicht verlegen. Stadtwerke? Haben kein Interesse. Selber bauen? Keine Genehmigung. Satellitenschüssel kommt nicht infrage wegen der zu hohen Latenz und der zu hohen Kosten. Was tun? Der Unternehmer zahlt sich mit seinen Firmen dusselig an verschiedensten Formen von Steuern und Abgaben, aber wenn's wichtig wird, lassen ihn alle Repräsentanten des Staates bis hinunter zur Stadt einfach sitzen.

Die Lösung war nach vielem Hin und Her über Monate improvisiert. Es lief unter der Hand, gemauschelt wie in der Sowjetunion. Wer kennt jemanden, der jemanden kennt? Vodafone hatte Unity Media gekauft, Unity Media hatte zuvor KabelBW gekauft, die seinerzeit die Haushalte in Baden-Württemberg ans Breitband-Fernsehen angeschlossen hatte. Ein Verkäufer von Vodafone, der die geschäftlichen Mobiltelefone für das Unternehmen meines Kollegen betreut, kam auf die Idee, mal im eigenen Haus nachzufragen, ob aus dem alten KabelBW-Bestand vielleicht noch zufällig irgendwo ein Leerrohr oder ein altes Kabel im Boden vor dem Büro liegt. Man kann ja mal nachfragen. Und prompt: Vodafone hatte so ein altes Kabel im Bestand, konnte es reaktivieren und beliefert jetzt das Büro mit 100 MBit pro Sekunde. Immerhin.

Dann sind die Arbeitsplätze halt weg

Bei mir ist das ganz ähnlich: Ich bin mit Frau, Hunden und Firma an den Niederrhein gezogen, habe das Haus businesstauglich umgebaut, Arbeitsplätze geschaffen. Glasfaser? Fehlanzeige. Da liegen nur zwei Kupferleitungen. Wir mussten uns das Internet provisorisch aus der Luft holen mit LTE-Karten. Die Jahre gingen ins Land, wir haben immer noch keine Glasfaser.

Die Leitung, die angezapft werden könnte, liegt einen Kilometer Luftlinie entfernt. Von da bis zu uns zu buddeln, kostet 200.000 Euro. Kein Nachbar wollte mitmachen, obwohl da auch Betriebe sind. Ich habe dann versucht, die umliegenden Bauern zu organisieren, damit wir Dampf machen bei den Behörden. Mittlerweile bekomme ich Anrufe von den Nachbarn: »Wie sieht's aus, bekommen wir jetzt Glasfaser?« Ja, wenn ich das wüsste!

Steuern und Abgaben zahlen, da sind wir Weltmeister. Die Milliarden dann durch den Staat ordentlich in Infrastruktur investieren, da sind wir Dodos.

Ich habe den größten Teil der Arbeitsplätze mittlerweile verlegt in das neue Büro in Dinslaken. Und so läuft das: Die Arbeitsplätze wandern dort hin, wo es ordentliches Internet gibt.

Einer meiner Trainer hat sich ein neues Haus gekauft. Weder Telekom noch Vodafone haben Breitband-Internet dafür angeboten. Also arbeitet er im Homeoffice auch mit LTE-Karten und holt sich das Internet über Mobilfunk. Das kann's doch nicht sein!

Bei einem Freund lief es so, dass er erst vor Kurzem nach Jahren Planerei endlich seinen Glasfaseranschluss ins Büro bekommen hat. Die Stadtwerke haben eine Richtfunkstrecke eingerichtet und konnten dann in seiner Gemeinde die letzten Meter bis zum Haus mit Glasfaser bauen. Kaum war er endlich am Netz, brach es zusammen, er hatte mehrere Tage kein Internet. Seine Telefonie läuft über Voice-over-IP. Das heißt: Das Büro, an dem Firmen mit rund 70 Arbeitsplätzen hängen, war tot.

»Echt? Hier gibt es Unternehmen, die Internet brauchen?«

Der Vertriebsleiter der Stadtwerke erklärte Wochen später, woran es gelegen hatte: Ein Sturm hatte den Mast für den Richtfunk verbogen. Beim Reparieren ist dann der Techniker von der Leiter gefallen und musste ins Krankenhaus. Und eine redundante Leitung, die sie ersatzweise aufschalten können, haben sie nicht. Also war eine ganze Gemeinde mit mehreren Betrieben mehrere Tage lang weg vom Fenster.

Im Telefonat meinte er, er habe gar nicht gewusst und gar nicht damit gerechnet, dass es in der Gemeinde auch Betriebe mit so vielen Arbeitsplätzen gibt. Ist klar, er selbst braucht das Internet zu Hause ja auch nur für Netflix. Und die Arbeitsplätze sind halt mal eben auch ruckzuck weg, wenn eine Firma den Standort verlagern muss, weil die Standortbedingungen nicht ausreichend sind.

Eigentlich ist diese Performance des öffentlichen Dienstes reiner Slapstick. Aber wir waren mal das Land der Ingenieure. Wir waren mal das Land, in dem die Technik funktioniert hat wie sonst nirgendwo auf der Welt. Ja, wir waren technologisch mal weltweit führend. Als wir noch hungrig waren.

Wer macht denn jetzt der Politik Feuer unterm Hintern? Die Mehrheit der Bevölkerung besteht aus Dodos. Reine Konsumenten brauchen keine professionelle Infrastruktur. Die Unternehmer machen auch keinen Dampf – die zeigen sich gar nicht, weil sie schlichtweg arbeiten müssen und keine Zeit haben. Und die Wähler? Die haben vier Mal hintereinander Angela Merkel ins Amt gewählt, laut der das Internet »für uns alle Neuland« ist.[39] Für uns alle! Stimmt da etwas nicht mit der Wahrnehmung? Merkels Regierung hat das Thema Mobilfunk in gigantischem Ausmaß vergeigt.

Ich sage Ihnen auch, warum die das nicht hinbekommen: weil sie die Bedeutung des Internets für die Wirtschaft nicht wirklich verstanden haben. Weil sie keine persönliche Erfahrung als Unternehmer haben. Und weil sie die Marktwirtschaft im Kern nicht verstehen. Weil sie völlig wirtschaftsfern sind und ihnen das sozialistische Dodo-Denken infolge ihrer Schulbildung durch den öffentlichen Dienst näher ist als unternehmerisches Denken.

Wohlstand für niemanden

Wir hatten mal einen Kanzler, der war zuvor Einzelhandelskaufmann, dann Wirtschaftswissenschaftler, dann Wirtschaftsminister gewesen. In der Amtszeit als Minister hat er im Jahr 1957 ein populäres Sachbuch geschrieben mit dem Titel »Wohlstand für alle«. Später wurde er für etwa drei Jahre Bundeskanzler. Die Älteren unter uns kennen auch noch seinen Namen: Ludwig Erhard (1897–1977). In welcher Schule ist der heute Thema?

In seinem Buch beschrieb Erhard klar und verständlich, wie Marktwirtschaft funktioniert. Er zeigte, dass eine möglichst freie Privatwirtschaft zu Wohlstand in allen gesellschaftlichen Schichten führt – wenn der Staat die Wirtschaft möglichst in Ruhe lässt. Solange in möglichst vielen Märkten möglichst viel Wettbewerb läuft, wächst der Wohlstand für alle.

Und das hat die Bundesrepublik etwa 40 Jahre lang eindrucksvoll bewiesen. Und es gab das erwähnte Parallelexperiment: Die sozialistische Kontrollgruppe in der DDR hat es mit Planwirtschaft, Ideologie, Zwang und Gewalt statt mit Marktwirtschaft, Freiheit, Leistungskultur und Selbstverantwortung versucht. Und ist bekanntermaßen komplett gescheitert.

Eigentlich müsste es in Berlin im Parlament und in der Regierung und in den Ministerien naturgemäß nur Marktwirtschaftler geben, nur Leute, denen hundertprozentig klar ist, dass Sozialismus nicht funktioniert. Weil Sozialismus keine Werte im Sinne der Wertschöpfung schafft, sondern nur vorhandene Werte umverteilt und verbraucht. Und die Ressourcen verschwendet.

Was vielen nicht klar ist: Der Mensch hat nicht von Natur aus alles Mögliche zur Verfügung, sondern der Naturzustand des Menschen ist Armut. Aller Wohlstand, der auf der Welt existiert, wurde erst durch Menschen geschaffen, die freiwillig im Wettbewerb mit anderen ihr Privatvermögen investiert und damit Leistungen für Kunden erbracht haben. Darum sage ich gerne: Dort, wo es Kunden gibt, ergibt Wirtschaft Sinn. Im Sozialismus gibt es keine Kunden, sondern Anspruchsteller auf der einen und Nettozahler auf der anderen Seite – den einen wird gegeben, den anderen wird genommen. Das Erwirtschaften wird vergessen.

Wenn es Kunden gibt, konkurrieren Unternehmen miteinander durch immer bessere Leistungen um den Umsatz, der mit diesen Kunden zu machen ist. Dort gibt es Fortschritt, Innovation, dort entsteht Wohlstand. Nur private Marktwirtschaft schafft Wohlstand, weil sonst schlicht kein Geld da ist. Staatlicher Sozialismus zehrt den Wohlstand auf und führt eine Volkswirtschaft am Ende in ihren Urzustand zurück – in Armut und Elend. Das müssten doch mittlerweile alle wissen! Das müsste in der Schule auf dem Lehrplan stehen. Wie viele sozialistische Experimente sollen denn noch schiefgehen? Wie oft wollen wir das noch durchexerzieren?

10

Der Strom kommt aus der Steckdose

Anstatt einfach nur die Rahmenbedingungen zu setzen, unter denen der marktwirtschaftliche Wettbewerb um die beste Technologie läuft, beschließt unsere Regierung in den vergangenen zwei Jahrzehnten: raus aus der Kernkraft, raus aus der Kohleverstromung, raus aus dem Verbrennungsmotor, rein in die Windkraft, rein in die Fotovoltaik, rein in den Elektromotor.

Das alles aber sind eigentlich unternehmerische Entscheidungen. Diese Dinge sollte die Privatwirtschaft entscheiden, um bessere Produkte und Leistungen anzubieten, nicht die Politik. Doch bei uns entscheidet das der Staat. Wir haben also de facto eine Staatswirtschaft, eine zentrale Planwirtschaft, fast wie in der DDR, und das auch wenn CDU/CSU regieren. Mit der Folge, dass keine guten Produkte herauskommen, sondern Quark. Schauen Sie sich den Berliner Flughafen an oder die Corona-App: Der Staat kann es nicht.

Augenwischerei

Auch heutige Elektroautos funktionieren nicht und sind einfach nur sauteuer. Ich stelle auch gerne dar, warum: Letzten Endes verdanken wir diesen Murks falschen politischen Entscheidungen.

Es beginnt mit der grundlegenden Logik und der Unfähigkeit, Ressourcen sinnvoll einzusetzen: Wenn wir den Verbrennungsmotor abschaffen, wie das offenbar derzeit die meisten Politiker gerne hätten, dann brauchen wir deutlich mehr Strom als heute. Darin sind sich alle Analysten einig. Wie bekommen wir mehr Strom? Indem wir die meisten unserer Kraftwerke zwangsweise schließen, heißt es aus der Politik. Ähm. Also in meiner Welt funktioniert das so nicht. Aber was weiß ich schon.

Und es geht da nicht nur um den größeren Gesamtverbrauch durch E-Autos: Der Ladevorgang der Akkus in den Autos braucht den Strom vor allem abends und nachts, also wenn die Sonne nicht scheint und wenn die Fotovoltaik-Anlagen keinen Strom erzeugen. Das muss außerdem auch bei Windstille funktionieren. Darum können Sonne und Wind nicht die nötige Grundlast erzeugen. Geht halt nicht. Ist so.

Die staatlich gewollte E-Mobilität braucht also mehr Strom, als es heute gibt. Aber dieser Strom *darf nicht* aus Kernkraft, Kohle, Gas oder Erdöl stammen. Und er *kann nicht* von Sonne und Wind stammen. Noch Fragen?

Die Wasserkraft ist in Deutschland ausgeschöpft. Mehr geht nicht. Geothermie? Wir leben nicht auf Island. Biomasse? Hat 8 Prozent Anteil. Viel mehr geht da nicht. Müllverbrennung? So viel Müll gibt's gar nicht. Und umweltfreundlich ist die Verbrennung auch nicht unbedingt, die Rückstände sind ja größtenteils Sondermüll.

Also? Strom aus Speichern holen? Wie so viel Sonnen- und Windstrom gespeichert werden könnte, weiß keiner. Und anders als die heutige Außenministerin Annalena Baerbock (* 1980) einst sagte, speichert ein Stromnetz nun mal keinen Strom. Ein Stromnetz verteilt elektrische Spannung, es hält Leistung vor. Es ist nicht mit Strom gefüllt wie mit einer Flüssigkeit. Und da, wo die Ladesäulen und Wallboxen künftig gebraucht würden, nämlich überall und vor allem an Wohnhäusern auch in Ballungsgebieten, sind in den meisten Fällen die verbuddelten Stromleitungen zu dünn für die Leistung, die ein E-Auto da absaugt. Sämtliche Stromleitungen im ganzen Land müssten in gigantischem Ausmaß angepasst werden, damit jeder an seinem Tiefgaragenstellplatz eine Ladestation hat. Darüber redet kaum einer. Aber Physik war für die meisten Politiker wahrscheinlich eben kein Lieblingsfach in der Schule – obwohl es das Fach wenigstens gibt, im Gegensatz zu Wirtschaft.

Weshalb die Physikerin Dr. Angela Merkel das alles nicht ermessen hat – großes Rätsel.

Und selbst wenn wir das Verteilen des Stroms irgendwann und irgendwie gelöst kriegen: Wo soll denn *jetzt* der Strom für die E-Mobilität herkommen? Aus dem Ausland? Und soll das dann Kohle- und Atomstrom sein?

Machen wir es also wie Italien? Die Italiener sind direkt nach dem Reaktorunglück von Tschernobyl 1986 aus der Kernkraft ausgestiegen. Seitdem muss Italien etwa drei Viertel seiner Energie importieren, vor allem Gas. Strom kommt dabei aus Slowenien und Österreich, aber vor allem aus der Schweiz und Frankreich. Dabei ist französischer Strom zu 70 Prozent Atomstrom, in der Schweiz liegt der Kernenergieanteil bei 35 Prozent. Mit anderen Worten: Die Italiener haben die Atomkraftwerke abgeschaltet, um sie künftig von den Franzosen und Schweizern betreiben zu lassen. Nur eben für die italienischen Bürger teurer.

Wollen wir ähnliche Augenwischerei betreiben? Also Kohlestrom aus Polen und Kernenergie aus Frankreich und Tschechien importieren, um die Grundlast für die E-Mobilität bereitzustellen? Und dann so tun, als würden wir mit unserem schicken E-Auto klimaneutral reisen, das wir ständig mit Kohlestrom betanken?

Der Angriff der russischen Armee auf die Ukraine im Februar 2022 hatte in diesem Zusammenhang übrigens eine bemerkenswerte Wendung zur Folge: Bundeswirtschaftsminister Robert Habeck (* 1969) plant eine »nationale Kohlereserve«. Moooment: Ein Klimaschutzverfechter von den Grünen will Speicher von fossilen Brennstoffen aufbauen?[40] Sieh an! Die Entwicklung zeigt: Vor der Realität die Augen zu verschließen, weil man sich ein utopisches Bullerbü wünscht, ist auf Dauer kein kluges Lebenskonzept. Und wir sehen: Es ist nicht klug, dass so viele Gasspeicher in Deutschland dem russischen Staatskonzern Gazprom gehören. Vielleicht denken die Menschen hierzulande auch hier endlich mal um und verstehen: Wesentliche Infrastruktur verkauft man nicht.

Wie soll das funktionieren?

Noch mal zurück zum Zweck des Ganzen: Der ganze Grund für den Umstieg auf Elektroautos ist die Angst vor einer Klimakatastrophe. Die Politiker gehen davon aus, dass wir den CO_2-Ausstoß reduzieren müssen. Gut. Wäre ihnen das aber wirklich so wichtig, dann würden sie doch die Kernkraft nicht ausschließen, oder? Immerhin will auch die estnische EU-Energiekommissarin Kadri Simson (* 1977) die Atomkraft als »grüne Energiequelle« einstufen.[41] Denn die Kernenergie produziert kostengünstig Strom in großen Mengen, vergleichsweise sicher und vom Wesen der Technologie her ohne CO_2-Emissionen. Neue Reaktortypen und Aufbereitungsanlagen versprechen, den Atommüll in einem geschlossenen Kreislauf zu halten.

Viele Länder gehen diesen Weg: In Frankreich, Großbritannien, Finnland, in der Slowakei und in den USA entstehen neue Atomkraftwerke. Den Neubau von bis zu 14 Reaktoren hat Frankreichs Präsident Emmanuel Macron (* 1977) im Februar 2022 angekündigt. Die Atomenergie stehe »im Zentrum der französischen Klimaschutzpolitik«.[42] Hinzukommt das Bestreben, sich von russischer Energie unabhängig zu machen.

Weltweit wollen laut der Internationalen Atomenergiebehörde (IAEA) 28 Staaten in die Kernkraft einsteigen. Noch stärker wird weltweit in Kohlekraftwerke investiert. Alleine China plant derzeit 368 neue, zusätzliche Kohlekraftwerke, sagt die Expertengruppe »Carbon Tracker« mit einer Leistung von 187 Gigawatt.[43]

Aus Kohle und Kernkraft gleichzeitig aussteigen, ist da wirklich ein deutscher Sonderweg. Wir sind da mal wieder fanatisch. Und der Strom wird so natürlich unglaublich teuer. Wir haben fast den teuersten Strom überhaupt. Die Kilowattstunde Strom kostet derzeit etwa 32 Cent. Das ist fast das Dreifache wie vor 20 Jahren. Aber der Strom ist nur deshalb der teuerste in Europa, weil über die Hälfte des Strompreises aus Steuern, Abgaben und den Umlagen aus dem Erneuerbare-Energien-Gesetz (EEG) besteht – auch wenn die Ampelregierung die EEG-Umlage jetzt abschaffen will.[44] Fast 40 Milliarden Euro sammelt der Staat auf diese Weise bisher von den Stromkunden ein. Auch hier zieht der Staat Geld aus dem Markt. Warum eigentlich?

Jetzt mal unternehmerisch gedacht: Wenn ich will, dass die Autofahrer auf Strom umsteigen, dann mach ich doch den Strom nicht künstlich teuer! Ich kann doch nicht gleichzeitig Anreize für mehr und für weniger Stromverbrauch setzen. Prämien ausloben, damit du umsteigst, und dann den Strom künstlich teuer machen, damit du doch nicht umsteigst – was ist denn das für eine Politik?

Und was ist mit der zentralen Produkteigenschaft der staatlichen E-Mobilität? Klimafreundlich sollen E-Autos sein, am besten klimaneutral. Das aber wären die E-Autos und übrigens auch die E-Loks auf der Schiene nur dann, wenn der Strom zu 100 Prozent aus erneuerbaren Energien käme. Doch »Elektroautos fahren heutzutage de facto mit 100 Prozent Kohlestrom«, heißt es aus dem Kieler Institut für Weltwirtschaft (IFW).[45] Der »Anteil erneuerbarer Energie« stehe »nicht zur Verfügung, um fossile Energieträger an anderer Stelle zu verdrängen«. Wenn nun mehr Strom verbraucht werden soll, geht das nur über den Ausbau fossiler Energieträger. Oder eben über Importe von Kohle- und Atomstrom.

Also reden wir doch Tacheles: Wenn Elektroautos heute rechnerisch mit 100 Prozent Kohlestrom fahren, stoßen sie laut IFW etwa 300 Gramm CO_2 pro gefahrenem Kilometer aus. Das entspricht einer Benzinverbrennung bei einem Verbrauch von ungefähr 13 Litern auf 100 Kilometer.[46] Ein neues Auto mit Verbrennungsmotor bläst vielleicht ein bisschen mehr als die Hälfte davon in die Luft. Und von den seltenen Erden und den Schwermetallen für die Batterieproduktion brauchen wir gar nicht erst anzufangen.

So. Und für dieses schlechte E-Mobilitäts-Produkt gibt es Milliarden an Förderungen und Prämien? Dafür drängt man uns zum Umstieg? Dafür hat BMW die Produktion von Verbrennungsmotoren ins Ausland verlagert und produziert in Deutschland nur noch Elektroautos? Und noch bevor die Probleme auch nur ansatzweise gelöst sind, soll der Verbrenner am liebsten verboten werden?

Das ist doch alles nicht ausgegoren.

Ein gutes Produkt braucht Jahre bis zur Marktreife. Der Wettbewerb stählt es, Innovationen machen es immer besser. Dann klappt auch der Sprung zu einer neuen Technologie schneller, als du denkst. So war das zum Beispiel bei Digitalkameras oder Flachbildschirmen oder Handys. Aber wenn das nicht marktwirtschaftlich im freien Wettbewerb geschieht, sondern mit der planwirtschaftlichen Steuerung durch Regierungen, dann kommt da kein stimmiges Gesamtprodukt heraus. Das Produkt E-Mobilität ist viel zu komplex, um das zu verordnen, zu bestimmen und von oben herab zu entscheiden. Planwirtschaft macht Murks! Und das wissen wir doch.

Warum wird nicht einfach der CO_2-Ausstoß in der Gesamtrechnung der Energiebilanz über die Zeit absteigend reguliert und der Rest den Unternehmen überlassen? So, wie es das Konzept des Emissionshandels ja vorsieht, also der Handel mit Emissionsrechten? Wieso gibt es zusätzlich eine CO_2-Steuer, die mit dem Konzept des Emissionshandels im Grunde inkompatibel ist? Warum glauben Politiker, dass sie in Energiewirtschaft und Automobiltechnologie bessere Entscheidungen treffen können als Fachleute in Unternehmen? Mal wieder folgt die gleiche Antwort: weil sie eben keine Ahnung von Ökonomie haben. Und weil es in der derzeitigen Stimmung nicht opportun ist, zu sagen, dass der Markt vieles von alleine regelt. Obwohl es stimmt.

Im langen Schatten des Staats

Ja, ich weiß, die Helden unserer Zeit sind nicht Adam Opel (1837–1895) oder Ferdinand von Zeppelin (1838–1917). Sondern beispielsweise das Ehepaar Uğur Şahin (* 1965) und Özlem Türeci (* 1967), die Gründer des Biotech-Unternehmens Biontech in Mainz. Vorstandschef Şahin ist Arzt und Wissenschaftler im Feld der Krebsforschung und der Immunologie, seine Frau ist Medizin-Vorstand und ebenfalls Forscherin, zum Beispiel als Professorin an der Johannes-Gutenberg-Universität in Mainz. Die Vision der beiden besteht laut eigenen Aussagen darin, das »Immunsystem anzuleiten, uns vor bestimmten Krankheiten zu schützen oder sie zu lindern«.

Biontech wurde 2008 auf der Basis staatlicher Fördermittel gegründet und sammelte Seedkapital verschiedener Investoren ein. Nach zwölf Jahren machten sich die Investitionen bezahlt: Zum ersten Mal wurde ein Produkt des Unternehmens genehmigt, nämlich das mRNA-Pharmaprodukt »BNT162b2«, Handelsname »Comirnaty«, das laut eigenen Aussagen mit einer Wirksamkeit von 95 Prozent gegen Covid-19 schützen soll. Die Produktion wurde mit Hunderten Millionen Euro vom deutschen Staat und von der Europäischen Union gefördert, dann wurde das Produkt in Kooperation mit dem US-Pharmakonzern Pfizer und dem chinesischen Mischkonzern Fosun in riesigen Massen hergestellt und von Regierungen weltweit gekauft. Also alles mit Steuergeldern, von denen auch China profitiert. Das machte die Gründer zu Milliardären. Şahins Vermögen beträgt mittlerweile mehr als 8 Milliarden Dollar, er gehört zu den 500 reichsten Menschen der Welt.

Der Mann ist mit Sicherheit ein leidenschaftlicher Wissenschaftler, er hat auch offensichtlich ein fantastisches Beharrungsvermögen. Er lebt, wie zu lesen ist, bescheiden, achtet auf seine Gesundheit, ist extrem fleißig, hatte ein gutes Gespür, im richtigen Moment das Richtige voranzutreiben – ist also eigentlich ein großartiger Unternehmer.

Ich wünsche den Gründern, ihrem Unternehmen und ihrem Produkt nur das Beste. Mein Punkt ist: Das Unternehmen ist kein wirklich privatwirtschaftliches, sondern durch die Art seiner Finanzierung und Geschäfte ein irgendwie halbstaatliches Konstrukt. Das Produkt hat sich noch nie auf einem freien Markt bewähren müssen, sondern wird von Regierungen mit Steuermitteln gekauft. Es gab keine freie Preisbildung, sondern einen willkürlich festgelegten Preis, den zu bezahlen die Steuerzahler gezwungen sind, egal ob sie das Produkt haben wollen oder nicht. Und es gibt keine Produkthaftung für den Hersteller. Ob das alles so klug ist?

Ich meine, klar: Wer heilt, hat recht. Wenn das Produkt funktioniert, dann ist das fantastisch. Aber mich besorgt trotzdem diese Vermischung von Staat und Wirtschaft, die alle Marktmechanismen außer Kraft setzt. Wie bei der Energiewirtschaft oder der Automobilindustrie. Wie bei der Bildung. Wie bei den Medien. Und jetzt auch bei der Pharmaindustrie.

Die Innovationen entstehen da nicht aus freiem marktlichen Wettbewerb, es gibt keine wettbewerblichen Bewährungsproben für solche Unternehmen und deren Produkte und Leistungen. Die werden nicht gekauft, weil Kunden sie wollen oder brauchen und sich frei für den Kauf entscheiden, sondern weil Regierungen sie verordnen und durchdrücken. Solche Produkte können nicht aus sich heraus entstehen, sie basieren nicht auf Freiwilligkeit, sondern sind ein Ergebnis von Zwang.

Es beängstigt mich, dass niemand mehr ein Problem damit zu haben scheint, wenn sich der Staat massiv in die Wirtschaft einmischt und sich die Wirtschaft vom Staat lenken lässt. Das eine Unternehmen wird massiv vom Staat gefördert und finanziert, das andere nicht. Ist das gerecht? Wie ist das eigentlich wettbewerbsrechtlich, wenn der Staat den einen Marktteilnehmer unterstützt und den anderen nicht?

Oder: Manche machen ein Testzentrum auf und nehmen leicht verdiente Staatsknete ein. Andere arbeiten auf eigenes Risiko und haben keine garantierten Einnahmen. Ist das fair?

Vielleicht ist die Staatswirtschaft bei dieser Impfung ausnahmsweise ein Segen. Das wird sich im Rückblick zeigen. Aber grundsätzlich ist die immer stärker um sich greifende Staatswirtschaft eine gefährliche Tendenz. Zu Ende gedacht ist sie falsch. Denn die Geschichte lehrt nun mal: Staatliche Eingriffe in die Wirtschaft waren auf Dauer noch nie zum Wohle der Bevölkerung.

Ganz normal und menschlich

Und damit auch das klar ist: Ich glaube überhaupt nicht an eine Verschwörung von oben. Ich glaube nicht an die bösen Politiker oder die bösen Konzerne. Ich halte es eher mit »Hanlons Rasiermesser« und vermute keinen bösen Willen, wenn auch Dummheit der Grund sein kann.[47] Ich glaube, die Menschen im Land sind vor lauter Wohlstand so satt und vollgefressen, so übersättigt, so reich, so bräsig geworden, dass sie die Notwendigkeit der Wertschöpfung gar nicht mehr begreifen. Es ist viel bequemer, wenn der Staat sich um alles kümmert. Wenn der Staat für deine Sicherheit sorgt, für deine Gesundheit sorgt, für dein Essen sorgt, für deine Mobilität, für das Licht im Wohnzimmer, für das Fernsehprogramm und überhaupt für alles sorgt. Wenn der Strom aus der Steckdose kommt und du nicht weiter denken musst als bis zum Lichtschalter.

Ich glaube übrigens überhaupt nicht, dass »die Politiker« schuld sind oder »die in Berlin« dafür verantwortlich sind, dass die Leistungskultur in Deutschland verloren geht. Die Politik läuft einfach nur dem Zeitgeist hinterher. Politiker nutzen die Chancen, die sich bieten, um Stimmen zu gewinnen. Sie wollen einfach nur gewählt werden, weil das Pöstchen ihren Lebensunterhalt sichert. Das ist einfach ganz normal und menschlich.

Und der Zeitgeist sagt eben: »Sei ein Dodo. Lass es laufen. Du überlebst auch ohne Anstrengung.« Und: »Ändern kannst du sowieso nichts.«

11

Keiner will bei Regen raus

Ich erzähle Ihnen noch eine weitere wahre Geschichte: Ein Unternehmen zieht in ein neues Firmengebäude. Alles nagelneu. Teuerster Boden, schicke Fliesen, Heizlüftdecke, Beschattungsanlagen, Schallschutzwände, Solaranlage, superschnelles WLAN, alles vom Feinsten. Die Toiletten auch.

In der Firma gibt's viele junge Männer. Als die Chefin mal durch alle Räume geht und nach dem Rechten schaut, sieht sie auf der Herrentoilette unterm Urinal diese Pfütze. Die Männer zielen offensichtlich allzu oft allzu schlecht. Sie treffen nicht ins Zentrum der Schüssel.

Die Putzfrau hatte sich auch schon beschwert. Denn diese Art der Sauerei ist nicht weg, wenn du einfach nur so drüber wischst. Das Zeug wird fest und ätzt sich ins Material. Sehr unangenehm!

Irgendwann kniet die Chefin auf dem Boden unterm Urinal und bearbeitet die Fliesen mit der Schrubberbürste. Kommt einer der jungen Männer in die Toilette, sieht die Chefin, erschrickt und fragt: »Was machst du denn da?«

Mit ihrer direkten friesischen Art ist sie um keine Antwort verlegen: »Na, ich schrubbe eure Pisse weg!« – »Aber das kann doch die Putzfrau machen!«, fällt ihm dazu ein. »Meinste, die hat da Bock drauf?«, zischt sie zurück. Darauf er, ziemlich peinlich berührt: »Na ja, aber dazu musst du doch nicht auf dem Boden knien. Da kannste doch den Wischmopp nehmen!« – »Meinst du, ich habe Lust, das Teil dann auszuwringen?« Und der junge Mann? Dem fällt nichts mehr ein. Dreht sich um und nichts wie weg.

Wie diese Szene abgelaufen ist, ist kein Zufall. Da steckt für mich einiges drin: Schau mal, wie da keiner die Verantwortung mittragen will. Am Ende bleibt sie immer beim Chef kleben. Dass die Unternehmerin die Verantwortung übernimmt, ist klar. Wenn sie sich am Ende zu schade wäre für den Drecksjob, dann wäre sie keine gute Unternehmerin. Ich kenne die Frau ziemlich gut: Die drückt sich nicht. Was gemacht werden muss, wird gemacht.

Als ich früher in der Disco gearbeitet habe, habe ich, wenn alle weg waren, auch gemacht, was gemacht werden musste. Am nächsten Tag macht der Laden wieder auf, also habe ich den Rundgang durch alle Räume gemacht. Und dann habe ich alles weggemacht, was du dir an Flüssigkeiten und Feststoffen so vorstellen kannst. Warum? Weil ich in dem Moment der Chef war. Ich war verantwortlich. Ich lass das Zeug doch nicht am Morgen von der Putzfrau wegmachen! Das wäre mir oberpeinlich gewesen. So ist das halt: Wer die Verantwortung hat, muss auch mal in den Dreck langen.

Mein Problem mit der Sache ist, dass dem jungen Mann im ersten Reflex nichts Besseres einfällt, als dass die Chose für ihn bereits in Ordnung wäre, wenn die Putzfrau das wegmacht. Hallo? Ein Ritter ohne Furcht und Tadel hätte reflexartig gesagt: »Chefin, lass mal, ich mach das gleich.« Hat er aber nicht gesagt. Steht ja auch nicht in seiner Jobbeschreibung.

Und dann: Was hat er da für eine Hierarchie im Kopf? Dass die Chefin die Drecksarbeit macht, ist ihm peinlich, aber bei der Putzfrau hätte er kein Problem? Warum wäre ihm das weniger peinlich? Daran zeigt sich doch schon, dass es für ihn hohe und niedrige Menschen gibt. Sind wir noch im Mittelalter bei den Fürsten und Untertanen? Glaubt er, er sei etwas Besseres?

Und so geht es, glaube ich, den meisten Leuten in unserer Gesellschaft: Es gibt Arbeiten, die nicht toll sind, aber einfach gemacht werden müssen. Nur sind sich die meisten Leute einfach zu fein dafür. Die denken darüber nicht nach, aber fühlen sich automatisch und unbewusst nicht zuständig.

Woher kommt das? So was kommt, wenn die Leistungskultur wegbröckelt. Wenn nicht mehr das Ergebnis für alle im Vordergrund steht. Wenn die Leute nicht mehr verstehen, dass sie Aufgaben erledigen, also Ergebnisse bewirken sollen, und stattdessen denken, es gehe um Tätigkeiten, also um reine Abläufe. Dodos denken nicht ergebnisorientiert, sie denken rein prozessorientiert. Sie denken, sie hätten gearbeitet, nur weil sie von 9 bis 17 Uhr im Büro waren. Dass »Arbeit« bitte schön sinnvolle Ergebnisse bewirken soll und das möglichst im Sinne der Wertschöpfung, haben Dodos nicht im Sinn.

Und so weicht irgendwann der Stolz, etwas geleistet zu haben, der Selbstgerechtigkeit und Selbstgefälligkeit. Wenn wir ständig hören, dass wir im Wohlstand und in einem der reichsten Länder der Welt leben, dann glauben wir das irgendwann, obwohl es grundfalsch ist. Wenn es uns zu gut geht, glauben wir nach und nach, wir seien etwas Besseres. Und das merken wir gar nicht.

Und das hat dann Folgen. Wenn nicht mehr gemacht wird, was gemacht werden muss, bricht der Laden halt auseinander. Das Unternehmen, die Wirtschaft, die Gesellschaft.

Nur nicht die Hände schmutzig machen!

Und wieder erzählt Opa vom Krieg, wenn Sie erlauben. Haben sich die »Trümmerfrauen« nach dem Zweiten Weltkrieg überlegt, ob ihre gesellschaftliche Stellung es zulässt, dass sie den Schutt wegräumen? In der sogenannten »Stunde Null«, nachdem die Nazis besiegt waren und in der sich Deutschland völlig neu organisieren musste, war niemand »etwas Besseres«. Wer da nicht angepackt hat, blieb oder wurde obdachlos, vor allem in den Städten.

Wobei mir ein interessanter Punkt einfällt: Ist Ihnen schon mal aufgefallen, dass wir in der Not dann doch zusammenhalten? Beim Hochwasser im Ahrtal haben jede Menge Freiwillige mit angepackt – auch weil sie gesehen haben, dass der Staat beim Katastrophenschutz versagt. Das heißt für mich: Im Angesicht der Katastrophe können wir offenbar doch anpacken – jedenfalls manche von uns. Das macht mir ein bisschen Mut.

Davon abgesehen, kennt niemand mehr Not. Selbst die Coronapandemie und die daraus folgende Wirtschaftskrise scheinen wie unsichtbar zu sein. Und wenn wir eine Katastrophe nicht sehen, dann machen wir es uns halt in der Katastrophe als Dodos schön bequem und bleiben untätig.

In allererster Linie verschließen wir die Augen vor der wirtschaftlichen Katastrophe, die da mit schnellen Schritten auf uns zukommt – der Zerfall einer Gesellschaft, die sich zu fein geworden ist zum Arbeiten.

Wir sind uns so zu fein geworden, dass wir auch pflegebedürftige Familienmitglieder einfach liegen lassen. Wir sind uns zu fein dafür, sie zu pflegen.

In Zeiten schlechterer Versorgung gab es in jeder Familie Alte, die gepflegt werden mussten. Also gab es in jeder Familie auch welche, die diese Pflege übernommen haben. Heute ist die Pflege staatlich gesteuert, der Staat damit vollkommen überfordert und die Finanzierung unklar. Die Bezahlung ist so schlecht, dass kaum noch jemand in der Altenpflege arbeiten will.

Und jetzt kommt ein ganz gemeiner Effekt zum Tragen: Einheimische sind für diese Arbeitsbedingungen nicht zu haben, weil es ihnen zu gut geht – wohl aber Polinnen vor allem in Deutschland und Slowakinnen in Österreich. Und wissen Sie was? Der deutsche Dodo empfindet gegenüber diesen Menschen oft Verachtung, weil sie diese Jobs machen. Ich sehe das ganz anders: Aus meiner Sicht verdienen diese Pflegekräfte, Arbeiter und Lkw-Fahrer aus Osteuropa höchste Würdigung, weil sie sich eben nicht zu schade sind, mit anzupacken. Eine klassische Erfahrung auf der Autobahn: gebraucht gekaufter VW Passat, vier Männer, polnische Nummer. Respekt! Die sind tagelang weg von zu Hause, um in Deutschland auf irgendeiner Baustelle Laminat zu verlegen wie in der Satire »Polen am Bau« des Kabarettisten Thomas Freitag.[48] Ergebnisorientiert. Das sind keine Dodos.

Und was machen wir, wenn die Polinnen und Slowakinnen demnächst in ihren Heimatländern so gut verdienen können, dass sie lieber zu Hause bleiben? Die osteuropäischen Länder erholen sich ja so langsam vom sozialistischen Notstand. Rekrutieren wir dann Pflegekräfte in Asien oder Afrika? Was sagt das über eine Gesellschaft, die sich zu fein ist, ihre alten Leutchen oder die Kranken in den Krankenhäusern zu versorgen?

Wenn ab etwa 2030 die geburtenstarken Jahrgänge in Rente gehen und somit auch die erfahreneren deutschen Pflegekräfte dem Arbeitsmarkt nicht mehr zur Verfügung stehen, fliegt uns das Problem richtig um die Ohren. Der größte Teil der Pflegekräfte ist nämlich laut den Statistiken der Pflegeberufekammer älter als 50 Jahre. 40 Prozent der Pflegekräfte werden in den nächsten zehn bis zwölf Jahren in den Ruhestand gehen. Ich weiß gar nicht, wie diese Katastrophe mit Ansage überhaupt noch gelöst werden soll. War es da nicht ehrlicher, die alte Generation in der Familie zu pflegen?

Wir sind uns zum Arbeiten zu schade

Es finden sich generell keine Leute mehr für die Arbeiten, die weniger Prestige bringen, die härter, anstrengender, schmutziger oder risikoreicher sind.

Wir brauchen bei uns zu Hause zum Beispiel eine Haushälterin. Sie kocht wie berichtet auch für unser Team. Also haben wir über eine Agentur gesucht, eine Dame hat sich beworben. Sie war Deutsche, das hat uns schon gewundert, aber auch erst mal gefreut, einfach weil es so leichter ist mit der Sprache. Beim Bewerbungsgespräch haben wir ihr alles gezeigt und die Aufgaben besprochen. Wir kamen bis zum Fensterputzen. Da ist sie ausgestiegen: Fensterputzen? Nein. Für die Drecksarbeiten hätte sie immer andere Mitarbeiter gehabt. Uns ist die Kinnlade runtergefallen. Gibt es jetzt auch schon unter Putzkräften eine Hierarchie? Die Polinnen putzen die Klos und die Fenster, während die Deutschen die Servietten falten? Hallo?

Es zieht sich überall durch: Meine Verkäufer im Stromvertrieb stellen sofort die Arbeit ein, wenn es regnet. Als ob ein Verkäufer es nicht nötig hätte, zu verkaufen, wenn mal nicht die Sonne scheint. Als ich selber auf der Straße war und verkauft habe, damals im Kopierervertrieb, bin ich bei Regen erst recht rausgegangen. Denn da waren die Kunden besonders freundlich: »Komm rein, Junge, du wirst ja ganz nass …« Und schon war ich drin und konnte Umsatz machen!

Wenn die Kopierer ausgeliefert wurden, war immer nur ein Fahrer dabei. Ein zweiter wäre zu teuer gewesen. Also musste ich mit anpacken. Im Anzug. So ein Tischkopierer wog damals 100 Kilogramm, das sind zwei Sack Zement. Da hattest du auch mal Toner an den Fingern und hast auch mal einen Anzug ruiniert. Und Papier habe ich auch geschleppt. War ich Lagerarbeiter? Nein! Aber wenn der Kunde das Papier braucht, dann schleppst du es. Und ja, danach war ich verschwitzt. Na und? Deo drauf und Hemd gewechselt und ab zum nächsten Kunden.

In der Lehre habe ich auch Material auf Baustellen ausgeliefert, bei Wind und Wetter. Oder wenn Inventur war, dann haben wir die großen Kabelrollen im Freilager rumgewuchtet und gezählt. Klar waren die schwer. Und schmutzig. Na und? Der Auftrag war: zählen. Also haben wir das gemacht.

Lieber Hartz IV als Brummi fahren?

Ganz allgemein gesprochen: Wer macht die wirklich harte Arbeit im Land? Müllabfuhr, Spüler in Restaurants, Zimmermädchen im Hotel, Spargelstechen, Erdbeeren pflücken, Weinlese, Straßenbau, Maurer, überhaupt alle Handwerker. Da finden sich überall keine Deutschen mehr!

Ich kenne einen Gartenbauunternehmer in Deutschlands Süden, der sucht händeringend nach deutschsprachigen Fachkräften und findet niemanden. Im Team werden zig verschiedene Sprachen gesprochen, aber nur gebrochen Deutsch. Aus lauter Not hat der Chef einen ungelernten Studenten zum Baustellenleiter gemacht, der nebenher in den Ferien im Gartenbau jobbt – weil er der Einzige ist, der sich mit Architekten und Bauherren verständigen kann.

Ein anderer Unternehmerfreund ist Elektromeister, ein richtig fleißiger. Der hatte seinen 23-jährigen Sohn auf die Baustelle geschickt, weil er Hilfe gebraucht hat. Das Team bestand hauptsächlich aus Leiharbeitern, alle Ausländer. Wie benimmt sich der Junior? Tut auf der Baustelle wie Graf Rotz, spielt sich auf und schikaniert die Handwerker. Er würde die Drecksarbeit nicht machen! Warum? Weil er Deutscher ist? Und deswegen wie in unseligen Zeiten der Geschichte Vertreter der Herrenrasse? Es war dem Chef megapeinlich, als ihm einer der Arbeiter zutrug, wie sich sein Sohn aufführte.

Um das noch mal klarzustellen und zu differenzieren: Niemand ist etwas Besseres. Niemand ist wegen seiner Herkunft wertvoller oder weniger wert als andere. Mir geht es nur darum, ob jemand anpackt. Ich stelle ein, wer fleißig ist. Und wir sollten schlauerweise auch offen bleiben für Leute aus der ganzen Welt, die zu uns kommen wollen, um anzupacken. Wir haben damit auch schon sehr gute Erfahrungen während der Gastarbeiterzeiten gemacht.

Umgekehrt gilt natürlich auch: Faulpelze kriegen bei mir keinen Job. Und zwar ebenfalls völlig unabhängig davon, wo sie herkommen.

Deswegen sollten wir als Gesellschaft die Rahmenbedingungen so gestalten, dass die Fleißigen kommen wollen. Wir sollten sie nicht so gestalten, dass Menschen herkommen, weil man in

Deutschland auch ohne Arbeit gut leben kann. Wenn die Sozialfälle der Welt in unser Sozialsystem einwandern, ohne jemals eingezahlt zu haben, belastet das nicht nur unsere Leistungsträger zusätzlich, sondern es hilft auch den Einwanderern nicht. Ihnen könnte in ihrem Heimatland fürs gleiche Geld viel besser geholfen werden, ohne sie kulturell zu entwurzeln. Was zerrüttete Länder neben Frieden unbedingt brauchen, ist Ahnung von Ökonomie! Wie wäre es, wenn Entwicklungshilfe künftig bedeutet, den Menschen zu vermitteln, wie sie Geschäftsideen entwickeln und auf die Straße bringen? Wenn wir dieses Wissen unter die Leute bringen, ist das nächste stabile Land vielleicht bald nicht mehr Tausende von Kilometern entfernt und nur durch eine lebensgefährliche Reise zu erreichen, sondern vielleicht einfach das Nachbarland. Aber ich spreche in den Wind: Wie wir eine Geschäftsidee entwickeln, lernen wir ja nicht mal in Deutschland in der Schule.

Und auch hier: nichts gegen Ausländer! Mir sind alle Menschen herzlich willkommen, die zupacken. Dann klappt das auch mit der Integration. Denn Integration ist eine Folge von Zusammenarbeit. Keine Folge von Appellen oder Vorschriften. Eine gute Regierung wird auch die oft bemühte »gesellschaftliche Teilhabe« niemals nur in den Dimensionen »Haben« und »Sagen« betrachten, wie das der damalige Bundesarbeitsminister Hubertus Heil (* 1972, SPD) im Jahr 2018 formulierte[49], sondern natürlich auch in den Dimensionen »Machen« und »Geben«. Es geht niemals nur darum, wie ein Mensch von der Gesellschaft profitiert, sondern immer auch darum, was er zur Gesellschaft beiträgt, sofern er etwas dazu beitragen kann.

Weiter oben hatte ich ja gefragt, was passiert, wenn gar keiner mehr die unpopulären Aufgaben übernehmen will. Was passiert, wenn es sich für die Menschen aus Polen, Rumänien oder Albanien nicht mehr lohnt, in Deutschland zu malochen und den Verdienst in die Villa in der Heimat zu stecken? Wenn also keiner mehr die Drecksarbeit macht? Dann passiert auch etwas Interessantes: Die Löhne steigen. Und trotzdem wollen Deutsche den Job nicht.

Ein Kunde von mir ist Unternehmer im Entsorgungsgeschäft. Das Müllbusiness boomt, aber er hat Schwierigkeiten, Lkw-Fahrer zu bekommen. Obwohl der Job sehr gut bezahlt ist. Keiner will das machen. Mittlerweile sucht er unter Ex-Soldaten, weil viele von denen bei der Bundeswehr den Lkw-Führerschein gemacht haben. Dank der Regierung von Angela Merkel ist ja die Wehrpflicht seit 2011 »ausgesetzt«, und deshalb werden auch viel weniger Lkw-Fahrer beim Bund ausgebildet. Oder der Unternehmer reaktiviert rüstige Rentner. Aber das hat natürlich alles keine Zukunft.

Bei uns wird genau das kommen, was in Großbritannien nach dem Brexit passiert ist: Wenn die EU-Ausländer aus Osteuropa ausbleiben, fährt keiner mehr die Brummis. Im Oktober 2021 wurde breit berichtet, dass den Briten 100.000 Lkw-Fahrer fehlen. Das Gleiche bahnt sich in Deutschland an: Laut einer Schätzung des Verbands Spedition und Logistik Baden-Württemberg fehlen hierzulande bereits bis zu 60.000 Lkw-Fahrer.

Was ist der Grund? »Wir haben ein immenses Problem mit dem Image und der Wertschätzung unserer Fahrer in der Bevölkerung«, sagt der Verbandspräsident Andrea Marongiu im Südwestrundfunk.[50]

Lkws gelten als Bremser und Hindernisse im Straßenverkehr. Außerdem ist der Job anstrengend, und auf den Raststätten geht es rau zu. Du bist viel weg von zu Hause. Da nehmen die Deutschen lieber Hartz IV, als sich hinters Steuer zu setzen. Sorry, aber so polemisch muss ich das sagen. Die polnischen Arbeiter in ihrem alten VW Passat dagegen sind sich nicht zu schade fürs Arbeiten. Die sind nicht als Weicheier sozialisiert. Das sind keine Dodos.

Wir haben zusätzlich zu den 2,7 Millionen Arbeitslosen über 5 Millionen Menschen in Deutschland, die Arbeitslosengeld II empfangen, sagt das Arbeitsministerium. Das sind die »Hartzer«. Jeder sechste davon »hartzt« schon seit mehr als zehn Jahren. Österreich hat eine Arbeitslosenquote von knapp 10 Prozent. Im Sommer 2021 wurden 128.000 Österreicher als Langzeitarbeitslose gezählt. Auf der anderen Seite fehlen Hunderttausende Lkw-Fahrer in Europa – es ist ein Job, den wirklich jeder lernen kann, der nicht blind ist und nicht säuft. Da ist doch ein Fehler im System: Das kann doch nur möglich sein, weil die Stütze vom Staat für eine riesige Menge von Leuten attraktiver ist als die Arbeit. Oder übersehe ich was? Noch mal: Lkw fahren ist richtig gut bezahlt. Angeboten werden derzeit oft 3500 bis 3600, manchmal 3700 Euro brutto. Und die Löhne steigen durch den Mangel da gerade weiter.

Also, hört mal, das wäre mir doch lieber als 446 Euro Regelsatz! Da überlege ich doch nicht lange, sondern angle mir einen solchen Job, auch wenn er hart ist. Da ist mir doch das Prestige egal. Das Prestige als Hartzer ist doch auch nicht viel besser! Oder? Sagen die Dodos, wer arbeitet, sei ein Idiot, weil es sich ja auch ohne Mühe gut leben lässt? Wie gesagt: Gelernt ist gelernt. Das gilt auch für Abhängigkeit vom Staat. Lieber Stütze als Lenkrad, lieber das Geld der anderen leistungslos nehmen, als das eigene mit Leistung zu verdienen. Da muss sich das Leben dann nicht ändern.

Und wenn einer diese Staatsabhängigkeit kritisiert wie ich, dann gilt der als unsozial? Was für ein Blödsinn! Massenhaft offene Stellen und zugleich 3,19 Millionen Arbeitslose (Januar 2022) – das kann niemand normal finden, der bei Verstand ist. Das ist ein Fehler in einem leistungsfeindlichen System. Und das ändert sich erst wieder, wenn wir wieder eine Leistungskultur haben.

Mit Moral und Menschlichkeit kommen dann die, die das Prinzip nicht verstehen. Das Prinzip ist, auch auf die Gefahr hin, mich zu wiederholen: Wir brauchen Wertschöpfung! Und alle müssen dazu etwas tun. Außerdem ist es nicht moralisch und menschlich, anderen dauerhaft auf der Tasche zu liegen, wenn es die Möglichkeit gibt, etwas zur Gesellschaft beizutragen. Wer nichts zur Gesellschaft beiträgt, ist wie erwähnt unsolidarisch.

Denken wir mal weiter: Was wäre die Konsequenz, wenn es so weitergeht und keiner mehr Lkw fahren will? Dann bleiben die Lkw eben stehen. Und wenn sie stehen bleiben? Dann kommt kein Material mehr in die Industrie. Dann wird der Müll nicht mehr weggefahren. Dann kommen die Lebensmittel nicht mehr in die Supermärkte. Dann kommt das Benzin nicht mehr zur Tankstelle. Dann funktioniert hier nichts mehr. Dann bricht die Not aus. Aber wetten, dass die Dodos sogar dann nicht ins Nachdenken kommen?

Verarmung oder Besinnung auf Tugenden?

Noch haben wir keinen Notstand. Aber so richtig rund läuft es schon lange nicht mehr. Und irgendwann stehen die Räder still, weil der Wohlstandsvorsprung vor anderen Ländern aufgezehrt ist und es sich dann für die ausländischen Arbeitskräfte auch prompt nicht mehr lohnt, bei uns zu arbeiten. Und dann bleibt liegen, was nicht liegen bleiben darf. Alles geht kaputt.

Die Konsequenz? Verslummung. Verarmung. Die Kriminalität wird zunehmen. Die Leute verwahrlosen. Wenn sie was brauchen und es nicht mehr kaufen können, dann nehmen sie es sich. Denn wenn die Umgebung kaputt geht, dann verkommen auch die Menschen. Der Respekt und das Selbstwertgefühl gehen verloren und damit die Achtung und die Moral. Und gemäß der »Broken-Windows-Theorie« zieht Verwahrlosung weitere Verwahrlosung an.[51]

Am Ende des Weges sehe ich eine gespaltene Gesellschaft, in der sich die Villenbesitzer in ihren umzäunten und bewachten Anwesen noch Handwerker und einen Rasenmähroboter leisten können, während darum herum alles den Bach runtergeht. Die

Reichen besuchen einander mit dem Hubschrauber, und auf den Straßen herrscht das Recht des Stärkeren.

Horrorszenarien? Nein – Realität zum Beispiel in Johannesburg oder Rio de Janeiro. Damit wir solche Verhältnisse nicht bekommen, müssen wir unbedingt sehr bald die Kurve kriegen.

Und dazu müssen wir die Mantras und Predigten in den Schulen, in den Medien und in der Politik ändern. »Wir sind ein reiches Land«? Quatsch! Nach ökonomischen Maßstäben erleben wir eine gesellschaftsweite Konkursverschleppung. Wir leben von der Substanz, es entstehen keine Werte, Hunderttausende junger Menschen richten sich schön auf nutzlose Jobs ohne Wertschöpfung ein, über Ecken bezahlt von den wenigen Leistungsträgern, die wir noch haben. »Jeder muss studieren«? Quatsch! Lernt lieber ein Handwerk! »Tu, was dir Spaß macht«? Quatsch! Mach, was gebraucht wird! Dann kommen Erfolg und Spaß von ganz alleine.

Das wäre deutlich klüger. Besser, wir besinnen uns auf die alten Tugenden wie Altruismus und Fleiß, als dass wir diese Gesellschaft in die Verarmung rauschen lassen.

12
Wie viel Geld wollt ihr eigentlich noch drucken?

Wenn ein Unternehmer einen Fehler macht, bezahlt er dafür. Wenn ein Politiker einen Fehler macht, zahlst du dafür. Das ist der wesentliche Unterschied. Gibt ein Unternehmer auf Dauer mehr aus, als er einnimmt, ist er pleite. Gibt ein Politiker in seiner Funktion mehr aus, als er einnimmt, ist das völlig egal.

Politiker sind eine Berufsgruppe, die jedes Jahr mehr ausgibt, als sie einnimmt. Politiker schaffen es nicht, auch nur einen einzigen Haushalt ohne Schulden aufzustellen. Mit umgerechnet neun Milliarden Euro Schulden hat es 1950 angefangen, jetzt sind wir bei 2,2 Billionen Euro angelangt.

Die Politiker sind eine Berufsgruppe, die jedes Jahr den anderen Berufsgruppen noch mehr Geld wegnimmt – in Deutschland so viel wie in keinem anderen Land auf der Welt –, aber trotzdem damit nicht auskommt.

Sie behaupten, sie hätten gut gewirtschaftet, dabei leben sie von denen, die wirklich gut gewirtschaftet haben, nämlich von den Unternehmen. Sie bauen ihre Macht auf Kosten anderer aus, Sie retten bankrotte Konzerne, Banken und ganze Länder mit dem Geld der Bürger und halten damit ihr Machtsystem aufrecht. Sie vermehren gemeinsam mit ihren Kollegen in Brüssel die Geldmenge mit der Druckerpresse ohne Ende, halten Zinsen künstlich niedrig und entwerten durch die Inflation die Ersparnisse und Vermögenswerte der Bürger.

Wer so agiert, zeigt nicht unbedingt hanseatische Kaufmannsehre. Das alles ist unseriös und unsolide. Kein Unternehmer dürfte so wirtschaften. Er würde zu Recht hinter Gittern landen.

Vor Leuten, die so agieren, soll ich als Unternehmer Respekt haben?

Ein Beruf wie jeder andere?

Die meisten der 735 Bundestagsabgeordneten seit der Bundestagswahl 2021 haben schon lange nicht mehr in der Wirtschaft gearbeitet oder haben es noch nie. 109 von ihnen sind Rechtsanwälte, 34 sind Politikwissenschaftler, 23 sind Lehrer, 13 sind Mediziner. Den häufigsten abgeschlossenen Ausbildungsberuf unter den Bundestagsabgeordneten haben die 16 Bankkaufleute, gelernte Landwirte gibt es vier.[52] Es gibt durchaus ein paar mit Berufsausbildung und -erfahrung: Josephine Ortleb (* 1986) von der SPD beispielsweise hat echt was Richtiges gelernt. Sie ist Restaurantfachfrau. Aber die Mehrzahl sind vor allem Akademiker oder einfach schon lange, lange Berufspolitiker mit Pöstchen und Bezügen vom Staat. Wohl die wenigsten hatten jemals Kunden, von denen sie leben mussten.

Im neuen Bundestag seit 2021 sitzen laut der *Tagesschau* unter den 735 Parlamentariern nur elf Unternehmer und drei Unternehmerinnen. Außerdem ein einziger ehemaliger Topmanager, nämlich Thomas Sattelberger (* 1949) von der FDP, der ehemalige Personalvorstand von Continental und Telekom.

So ein von Haus aus wirtschaftsfremder Politiker hat noch nie eine schlaflose Nacht gehabt, weil seine Entscheidungen sein Einkommen und das seiner Mitarbeiter beeinflussen könnten. Politiker sind unter anderem auch deshalb Politiker geworden, weil sie dabei kein finanzielles Risiko tragen.

Die Mitglieder des Deutschen Bundestages erhalten derzeit eine »Abgeordnetenentschädigung« von 10.012,89 Euro im Monat, wie sie selbst beschlossen haben. Rentenbeiträge müssen sie davon nicht bezahlen. Aber dafür gibt's später dann eine »Altersentschädigung« aus Steuermitteln. Höhe? Zwischen 10 und 65 Prozent der Abgeordnetenentschädigung, je nach Zugehörigkeitsdauer. Zur Krankenkasse gibt's einen Zuschuss.

Zusätzlich bekommt jeder Abgeordnete im mittlerweile nach dem Nationalen Volkskongress im kommunistischen China zweitgrößten Parlament der Welt eine steuerfreie Aufwandspauschale als Teil seiner »Amtsausstattung« von gut 4500 Euro. Außerdem gibt es auf Steuerzahlerkosten ein komplett eingerichtetes Büro, eine Kostenpauschale von 12.000 Euro im Jahr für Handy, Laptop und andere nötige Dinge. Dienstreisen werden auch bezahlt. Auch ihre Mitarbeiter müssen sie nicht selbst bezahlen: Dafür steht ihnen ein monatliches Budget von bis zu 22.795 Euro zu.

Wird ein Bundestagsabgeordneter nicht wiedergewählt, steht ihm für jedes Jahr Parlamentszugehörigkeit ein Übergangsgeld von einem Monat in Höhe der Abgeordnetenentschädigung zu.

So, noch mal: Abgeordnete haben keine finanziellen Sorgen, egal was sie verzapfen. Aber damit hier kein Neid aufkommt: Dafür können sie auch nicht so richtig viel verdienen wie in der Wirtschaft, wo die Gehälter und Unternehmergewinne ja noch viel, viel höher liegen können. Je nach Leistung.

Und das ist der Punkt: Die meisten Politiker kennen aus eigener Erfahrung kein Leistungsprinzip. Ebenso wenig wie Lehrer. Sie kommen ja auch nicht auf die Listen und in hohe Parteiämter, weil sie so viel geleistet haben, sondern weil sie am geschicktesten Seilschaften und Bündnisse mit den Mächtigen geschlossen haben. So eine Parteiliste ist keine Auslese der Besten, sondern eine Auslese der Opportunistischsten, Konformistischsten, Angepasstesten und Machthungrigsten. So viel zum Kern unseres politischen Systems: der Parteiendemokratie. Obwohl die Parteien an der politischen Willensbildung des Volkes laut Artikel 21 des Grundgesetzes nur »mitwirken«, spielen sie de facto die Solorolle.

Nun könnten wir sagen: Wenn Bundestagsabgeordnete ordentlich verdienen, können sie sich voll und ganz ihrer Arbeit widmen. Aber Moment: Ihnen sind ja auch Nebentätigkeiten erlaubt, die lediglich veröffentlicht werden müssen. Das heißt dann, dass die Abgeordneten zwar volle Bezüge aus Steuermitteln kassieren, aber dann trotzdem viel Zeit für ihre oft sehr lukrativen Nebentätigkeiten abzwacken. Hm …

Mehr hilft mehr

Vielleicht besteht ja das Verständnis von Leistungssteigerung bei den Politikern auch darin, die Staatsausgaben möglichst stark zu erhöhen. Die Schwarzen, Roten, Gelben, Grünen waren alle schon dran, keiner hat es anders gemacht, alle haben sie nur immer noch mehr Geld ausgegeben, das ihnen nicht gehört. Ja, in Nuancen unterscheiden sich die Parteiprogramme, aber in den Kompromissen der Koalitionen werden diese Nuancen dann abgeschliffen. Am Ende kommt doch immer nur das Gleiche raus: Der Bürger zahlt mehr, die Macht des Staates wächst, die Schulden wachsen, die Zahl der Gesetze und Verordnungen wächst, die Eingriffe in die Freiheit der Bürger und Unternehmen nehmen zu.

Mittlerweile gibt der Staat die völlig irrsinnige Summe von 1,2 Billionen Euro für Soziales aus. Nur um dann wieder durch die Münder der Politiker aller Farben zu behaupten, alles sei so schrecklich unsozial und deshalb müssten die Sozialausgaben beim nächsten Mal schon wieder erhöht werden. Also haben die Sozialausgaben das Problem nicht gelöst, richtig?

Es ist in etwa so: Ein Unternehmen engagiert mich dafür, dass ich seine Vertriebsprobleme löse. Dessen Umsatz bleibt aber schwach oder wird sogar noch schwächer. Nach einem Jahr sage ich dann meinem Kunden: »Weil deine Probleme noch immer vorhanden sind, siehst du ja, dass du mich brauchst! Schön, dass ich da bin, oder? Und im Übrigen, weil deine Vertriebsprobleme ja sogar noch schlimmer geworden sind, wird meine Rechnung nächstes Jahr noch höher.«

Ha! Ich würde im hohen Bogen aus jedem Auftrag rausfliegen! Aber einen Berufspolitiker ficht das nicht an. Der fühlt sich in seiner lebensfremden Logik noch bestätigt, wenn die Probleme, die er lösen und nicht verursachen sollte, jedes Jahr größer werden.

Einen zusätzlichen, besonderen Grund, den Staat stärker, mächtiger, größer und übergriffiger zu machen, findet sich außerdem immer. Mal ist es die Wiedervereinigung, mal die Finanzkrise, mal die Flüchtlingskrise, mal die Klimakrise, mal die Coronakrise. Jedes Mal stiegen die Staatsausgaben sprunghaft an. Und so wird das auch weitergehen.

Über Einsparungen in den Ressorts, über Verkleinerungen von Ministerien und deren Budgets, über das Streichen von überflüssigen oder unwirksamen oder gar schädlichen Ausgaben, Gesetzen oder Verordnungen wird seit Jahren kaum mehr gesprochen. Dass überall immer mehr von allem gebraucht wird, darin sind sich alle einig, völlig unabhängig von den Wahlergebnissen.

Ich sehe das alles. Und ich finde es hirnrissig, aus der unternehmerischen Perspektive betrachtet sogar dummdreist und verachtenswert. Aber ich werfe das den einzelnen Politikern gar nicht vor. Es ist alles eine zwangsläufige Folge unseres politischen Systems und der zunehmenden Leistungsfeindlichkeit in der gesamten Gesellschaft. Politiker wollen gewählt werden, und so bieten sie eben an, was gefragt ist. Ein Leben ohne Anstrengung und damit ohne Leistung. Und so fährt der Zug ganz langsam in Richtung Crash via Sozialismus. Es gibt keine Weichen. Und kaum jemanden stört das.

Mich schon.

Einmal hatte ich gehört, dass die damalige CDU-Vorsitzende Angela Merkel ein paar Wirtschaftspädagogen und Marketingexperten gesucht hat. Die Aufgabe war, einen Weg zu finden, ihrer Partei ein neues, bürgerfreundlicheres Gesicht zu geben. Voraussetzung war ein Doktortitel.

Und das hat mich geärgert. Wozu braucht man dafür einen akademischen Grad? Was ist denn das für ein Denkfehler? Jede Menge erfolgreiche Unternehmer haben überhaupt nicht studiert, den jungen Reinhold Würth hatte sein Vater sogar von der Schule genommen. Aber die Kanzlerin dachte, für Wirtschaftsfragen würden sich nur Akademiker eignen.

Die Ausschreibung war schon vorbei, aber ich habe dann der Kanzlerin direkt mal geschrieben, um ihr eine Chance zu geben, ein bürgerfreundliches Gesicht zu zeigen: »Frau Merkel, ich habe weder studiert noch promoviert, aber ich wüsste, wie es geht« – und dann habe ich ihr meine Ideen geschildert. Ich bekam, wie erwartet, eine freundliche Absage, ein Standardschreiben aus Schublade 36 an den kleinen Martin. Unterschrieben von irgendeinem Sekretär und mit dem Abschlusssatz: »Vielen Dank, dass Sie uns weiterhin wohlgesonnen bleiben.« Oder so ähnlich. Selbstverständlich hatte sie es nicht gelesen, denn dann hätte sie ja was von der nichtstudierten Hälfte der Bevölkerung mitbekommen und bräuchte meinen Rat für ein bürgerfreundlicheres Gesicht gar nicht mehr.

Die zweite Absage von ihr habe ich bekommen, als ich sie zu meinem Podcast eingeladen hatte. Sie war ja selbst ein bisschen Podcasterin. Zwar hat sie es nicht durchgezogen, was ich schwach finde, aber unter Kollegen lädt man sich ja auch mal ein. Zurück kam ein Brief aus ihrem Sekretariat, ich zitiere sinngemäß: »Sehr geehrter Herr Limbeck, schön, dass Sie zum zweiten Mal der Frau Bundeskanzlerin schreiben, aber aus Gleichheitsgründen werden Sie verstehen …« Schau an, dachte ich, die Bürgerabschottungswache der Kanzlerin hat doch glatt ein CRM-System und weiß, dass ich schon mal geschrieben hatte. Alle Achtung! Und dann geht es nicht um Inhalte oder gute Ideen, sondern um den Gleichheitswahnsinn.

Ich will nicht von mir auf andere schließen, aber ich habe insgesamt den Eindruck, dass die Regierenden in Berlin und die Vorstände der Parteien sehr, sehr abgehoben in ihren Elfenbeintürmen residieren und keinen wirklichen Kontakt zur Bevölkerung mehr haben. Ich habe insbesondere nicht den Eindruck, dass die viel von der Wirtschaft mitbekommen.

Dass der neue Bundeskanzler Olaf Scholz (* 1958) keine Ahnung von den aktuellen Spritpreisen hat, wenn er im Wahlkampf danach gefragt wird, oder dass der Grüne Jürgen Trittin (* 1954) den Wählern verspricht, dass sie die Förderung der erneuerbaren Energien monatlich nur so viel kostet wie eine Kugel Eis und so weiter – alles geschenkt. Nur: Es geht bei alledem gar nicht nur um die Verbraucher. Vor allem die Mittelständler in Deutschland bleiben auf der Strecke. Um die kümmert sich keiner. Das ist mein Gefühl. Und das ist bitter.

Die Großkonzerne im DAX werden umworben und gehegt und gepflegt. Die machen sicher auch eine gute Lobbyarbeit, darum werden sie nie zu sehr belastet und können praktisch nicht pleitegehen, weil sie als systemrelevant gelten und die Politik sie im Notfall mit Staatsknete rettet. Für einen Wirtschaftsminister wie Peter Altmaier (* 1958) schien die Wirtschaft überhaupt nur aus den Industriekonzernen zu bestehen, die er am liebsten staatlich lenken würde, wenn man ihm mal richtig zugehört hat. Aber 86 Prozent der Unternehmen im Land sind nun einmal inhabergeführte Unternehmen, 53 Prozent der Beschäftigten arbeiten da. Sie schaffen also den Großteil der Arbeitsplätze. Und sie tragen knapp die Hälfte aller Umsätze zusammen, die in Deutschland gemacht werden.

Diese kleinen und mittleren Unternehmen (KMU) sind der Motor der Gesellschaft. Sowohl hinsichtlich Innovationskraft als auch in Bezug auf gut bezahlte Arbeitsplätze: In den zehn Jahren von 2007 bis 2016, also über die Finanzkrise hinweg, ist die Zahl der Arbeitsplätze bei den 500 größten Familienunternehmen beispielsweise um 23 Prozent gewachsen, während die Zahl bei den DAX-Konzernen nur um vier Prozent gewachsen ist.

Und trotzdem werden Familienunternehmen viel stärker mit Steuern belastet als die Großkonzerne: Das ifo Institut für Wirtschaftsforschung hat ausgerechnet, dass die 500 größten Familienunternehmen in Deutschland auf Gesellschafterebene durchschnittlich mit 38 Prozent Steuern belastet werden, während es bei den DAX-Unternehmen, die keine Familienunternehmen sind, nur durchschnittlich 26 Prozent sind. Ist das fair? Ich denke, das ist Wettbewerbsverzerrung.

Und der Staat labt sich daran: In den letzten beiden Jahrzehnten haben sich laut der Stiftung Familienunternehmen die Unternehmensteueraufkommen im Land ungefähr mehr als verdoppelt, während die anteiligen Steuerbeiträge der Lohnsteuer, der Umsatzsteuer, der Verbrauchsteuern und der sonstigen Steuern weit weniger stark gestiegen sind.

Wenn ich die Fakten bewerte und mit meinem subjektiven Eindruck zusammenbringe: Bei keiner Regierung der jüngsten Vergangenheit spielt der Mittelstand eine Rolle. Die kleinen und mittleren Unternehmen halten den Laden hier noch am Laufen, aber ihnen wird das Wasser abgegraben. Und wenn die neue Regierung mit der nächsten sozialistischen Treppenstufe abwärts Vermögensabgaben oder eine Erhöhung der Erbschaftsteuer durchdrückt, dann wird auch das wieder die Familienunternehmen am meisten treffen, denn die wirtschaften ja im Kern mit dem Kapital der Familie.

Mir fehlt der »Professor aus Heidelberg«

Denken wir mal vernünftig: Aus Sicht des Mittelstands und damit aus Sicht der meisten Unternehmer und Angestellten finde ich es am dringendsten, das Steuersystem zu reformieren. Und zwar grundlegend und komplett. Es müsste drastisch vereinfacht werden und deutliche Steuersenkungen beinhalten. Ein normaler Steuerberater kann einen kleinen Unternehmer schon kaum mehr beraten, weil es so kompliziert geworden ist, dass einer alleine da kaum mehr durchblicken kann. Von allen Staaten der Welt hat der deutsche die mit Abstand umfangreichste Steuerliteratur. Schon wieder ein Weltmeistertitel!

Der damalige Bundeskanzler Gerhard Schröder (* 1944) machte sich im Bundestagswahlkampf 2005 über den »Professor aus Heidelberg« Paul Kirchhof (* 1943) lustig, der im Falle einer schwarz-gelben Koalition Bundesfinanzminister im ersten Kabinett Merkel werden wollte. Es wurde eine Große Koalition, und Peer Steinbrück (* 1947) wurde stattdessen Finanzminister. Und wir bekamen die größte Steuererhöhung aller Zeiten – der Mehrwertsteuersatz stieg von 16 auf 19 Prozent.

Aber ich finde, dass die Steuer-Ideen Paul Kirchhofs damals so gut und schon damals so dringend nötig waren, dass ich überhaupt nicht verstehen kann, warum sie seitdem nie wieder in Erwägung gezogen worden sind.

Zur Erinnerung: Paul Kirchhof war von 1987 bis 1999 Richter am Bundesverfassungsgericht und hatte an der Uni Heidelberg den Lehrstuhl für Staatsrecht inne. Außerdem war er dort Direktor des Instituts für Finanz- und Steuerrecht. In das Kabinett wäre er als parteiloser Politik-Outsider, dafür als absoluter Fach-Insider gekommen. Was für eine gute Idee!

Was Kirchhof damals vorschlug: alle Subventionen streichen, alle Ausnahmen abschaffen. Drei Steuersätze für alle Einkommensgruppen: also etwa 15 Prozent, 20 Prozent und 25 Prozent. Fertig.

Kirchhof schlug ein neues Einkommensteuergesetzbuch vor, das vorsah, dass es nicht mehr sieben unterschiedlich behandelte und besteuerte Einkommensarten geben sollte wie Zinsen, Mieteinnahmen, Gehälter und so weiter, sondern nur noch eine. Einkommen ist Einkommen. Basta.

Die Umsatzsteuererhöhung im Jahr 2007 von 16 auf 19 Prozent, die Merkel und Steinbrück dann durchgezogen haben, lehnte Kirchhof ab, er hält sie sogar für verfassungswidrig.

Durch Subventionen und Privilegien zum Pokalsieger?

Über die angesetzten Steuersätze und die Bemessungsgrenzen kann man ja streiten, aber das Prinzip des Kirchhof'schen Besteuerungsmodells ist doch einfach nur großartig. Ein Nebeneffekt wäre übrigens, dass auch die Steuerhinterziehung kaum mehr möglich wäre – denn die ganzen Ausnahmetatbestände, an denen Steuerhinterzieher ansetzen, wären ja weg. Zahlreiche Steuerprüfer wären mit einem Schlag arbeitslos.

Und das wäre super: Diese Finanzexperten könnten endlich an produktiven Arbeitsplätzen zeigen, was sie können. Statt bisher aufgrund politischer Fehlplanungen eine »Arbeit« zu machen, die eigentlich völlig unnötig sein müsste. Ein Teil könnte in der Schule das dringend nötige Fach »Geld« unterrichten. Andere könnten sich umschulen lassen und Polizeibeamte oder Justizbedienstete werden, von denen es viel zu wenige gibt. Sie könnten dazu beitragen, dass Bürger nicht mehr zwei Jahre warten müssen, bis in ihrer Streitsache überhaupt erst mal eine Hauptverhandlung anberaumt wird.

Es ist eben Quatsch zu behaupten, jeder Arbeitsplatz sei gut, weil dadurch jemand seine Familie ernähren kann. Es gibt jede Menge sinnlose Jobs. Die müssen verschwinden. Und dann müssen wir bewirken, dass die Leute in sinnvollen Jobs Werte schaffen. Den öffentlichen Dienst müssen wir an den Stellen stärken, an denen wir ihn wirklich brauchen.

Als ich 2015 schon wieder eine Steuerprüfung hatte, fragte ich meinen Steuerprüfer, warum sie denn so häufig bei mir rumwühlen und mich dabei vom Verdienen des zu versteuernden Einkommens abhalten. Er meinte, dass alleine das Finanzamt Bad Homburg 92 Steuerprüfer hätte. Und klar, die müssen ja beschäftigt werden. Das war 2015 – ich möchte nicht wissen, wie viele es heute sind. Und eines ist völlig klar: Wenn wir so viele Steuerfahnder brauchen, dann sind nicht die Steuerzahler das Problem, sondern das Steuersystem ist das Problem. So wie eine schlechte Software auch mehr IT-Support erfordert als eine gute Software. Mit einem vereinfachten Steuermodell könnten jede Menge Beamte für die wirklich wichtigen Aufgaben frei werden, die in diesem Land anstehen, dessen Brücken verfallen und in dessen Schulen der Putz von der Decke rieselt.

Wir kämen durch ein Steuermodell wie vom »Professor aus Heidelberg« nicht nur zurück zu mehr Einfachheit, sondern auch zu mehr Gerechtigkeit. Denn die permanente Verzerrung des Wettbewerbs durch die Tausenden von einzelnen Subventionen, all die Prämien, die halben Steuersätze für E-Autos und was weiß ich noch alles, die ist grundsätzlich ungerecht. Das sind alles Eingriffe in den Markt, durch die sich nachträglich einseitig Bedingungen ändern. Wer gerade in der Gunst der Politik steht, wird bevorzugt, wer nicht in der Gunst der Politik steht, wird benachteiligt.

Elektroautos, Fotovoltaikanlagen und Wallboxen, Dämmung, Bahnverkehr, Breitband, Steinkohle, Abwrackprämie, Baukindergeld, Waldklimafonds … – belohnt wird, was gerade Wählerstimmen bringt. Hektisch, kopflos, von Stimmungen getrieben und alles andere als nachhaltig.

Das ist einfach bescheuert! Stellen Sie sich vor, es ist der 19. Mai 2018, und im 75. Pokalendspiel Eintracht Frankfurt gegen Bayern München steht es kurz vor Schluss nach einem Kontertor von Ante Rebić zwei zu eins für Frankfurt. Rebić hatte vor dem Spiel zu Boateng gesagt: »Bruda, schlag den Ball lang!« Und genau das hatte zwei Mal geklappt. Frankfurt steht kurz vor der Pokalsensation! Aber dann greift der Schiedsrichter ein. Er ist Bayern-Fan, das musst du verstehen. Darum beschließt er eine neue Regel: Tore für Frankfurt zählen ab sofort nur noch die Hälfte. Die Hälfte von zwei ist eins. Und die Bayern erhalten eine Prämie für mehr gelaufene Kilometer in Höhe von einem Tor. Eins plus eins ist zwei. Es steht also gar nicht zwei zu eins, sondern eins zu zwei. Sorry, so sind halt jetzt die Regeln. Ergebnis: Bayern München ist Pokalsieger. Und Eintracht Frankfurt fühlt sich wie ein deutscher Familienunternehmer.

Das Ergebnis ist Mist

Als Junge verbrachte ich die Ferien öfter mal beim Bauern. Da gab es Speckbrot, ich durfte Traktor fahren und Heu machen. Ich war etwa 13 Jahre alt. Damals habe ich noch erlebt, wie ein richtiger Bauernhof aussieht. Das war schön und gesund – ein wirtschaftlich, ökologisch, sozial und überhaupt in sich stimmiger funktionierender Betrieb.

Das gibt's heute nicht mehr, scheint es mir.

Landwirtschaft im Nebenerwerb ist so gut wie ausgestorben. Denn es rechnet sich nicht mehr. Die Politik subventioniert seit Jahrzehnten an der Landwirtschaft rum und pfuscht damit ins Geschehen rein. Jeder Teilmarkt wird da reguliert, da wird vom Staat in Mengen, Preise, Flächen und was weiß ich noch alles eingegriffen. Da wird geregelt, verboten, angereizt, mit Prämien, Vorschriften, Plänen, Steuern, Abgaben. Eine Spielwiese für Politiker seit mindestens einem halben Jahrhundert.

Mit dem Ergebnis, dass die Landwirtschaft heute kaputt ist.

Heute bauen Bauern nicht mehr Obst und Gemüse an und züchten Schweine, Rinder und Hühner, sondern Agrarkonzerne produzieren Lebensmittel im ganz großen Stil in gen- und chemietechnologisch ausgereizten Monokulturen und tierfeindlichen Fleischfabriken und Legebatterien.

Sorry, liebe Politiker, aber dafür verdient ihr keinen Beifall. Das Ergebnis eurer ständigen staatlichen Eingriffe ist Mist. Ihr baut Mist und wollt diesen Mist dann auch noch mit dem nächsten Mist korrigieren. Was ihr im Ergebnis erreicht, ist ungesund, nicht nachhaltig und ethisch höchst fragwürdig.

Kein normaler Mensch tut sich den Wahnsinn an, im Gestrüpp dieser absurden Regularien einen Hof zu eröffnen. Vorher ist jeder gut beraten, Jura zu studieren und den ganzen Wust an Vorschriften zu lesen und zu verstehen, den sich irgendwelche Theoretiker ausgedacht haben, die noch nie in ihrem Leben geschäftlich aktiv waren. Und ständig verzerrt die EU den Wettbewerb. Beispiel: Die EU will Landwirte im Nebenerwerb benachteiligen.[53] Ganz ehrlich? Mit Marktwirtschaft hat dieses Übermaß an staatlicher Einflussnahme nichts mehr zu tun.

Es gilt in allen Feldern der Gesellschaft: Mit der Übergriffigkeit einer viel zu mächtigen und praxisfernen Politikerkaste laufen wir ins Verderben. Ob wir am Ende wie in der DDR wieder Volkseigene Betriebe (VEB) und Kombinate (VEK) haben? Super Sache! Dann können wir gemeinsam skandieren: »Vorwärts immer, rückwärts nimmer!«

13
Wenn der letzte Leistungsträger ausgewandert ist

Mit dieser Mischung aus Faulheit, Staatsgläubigkeit, Verweichlichung und Bürokratie haben wir uns ganz langsam über Jahrzehnte hinweg wirklich was ganz Übles eingebrockt. Das komplexe System aus bürokratischen Regelungen, die sich wie Algorithmen wechselseitig aufeinander beziehen, ist mittlerweile so verfilzt, dass ein »Bürokratieabbau« nahezu unmöglich scheint. Das Durcheinander aus EU-Verordnungen und nationalem Recht sowie die konkrete Umsetzung des Irrsinns auf Behördenebene sind inzwischen so komplex wie bei einer überfrachteten Software – aufgeblasen, fett, störrisch, nicht mehr zu überblicken und vor allem nicht mehr zu reparieren. Eine neue Programmierung wäre langsam mal nötig.

Doch obwohl das offensichtlich ist, sieht es niemand. Die Leute gewöhnen sich daran, dass sie mit ihren Steuern Tausende Beamte für Tätigkeiten bezahlen, die der Volkswirtschaft letztlich schaden.

Und diejenigen, die unter dem Strich mehr an den Staat überweisen als sie erhalten, also die Nettozahler, erfahren so gut wie keine Wertschätzung. Sie gelten nicht als die Guten, die den Laden zusammenhalten, sondern werden dämonisiert: »Der ist ja reich! Ausbeuter!« Die Mehrheit scheint so zu tun, als wären reiche Menschen nur auf Kosten anderer reich. Dabei ist es in Wahrheit so, dass die Nettoempfänger auf Kosten der Nettozahler leben – dass das unsolidarisch ist, hatten wir ja schon. Eine totale Verdrehung der Realität hat da stattgefunden: Leistungsträger sind böse. Vor einigen Jahrzehnten noch waren Menschen stolz, wenn sie etwas geleistet haben.

Ich verstehe nicht, warum jemand böse soll, der das eigene Geld, das er sich ehrlich verdient hat, zum größten Teil behalten will. Zunächst einmal ist es völlig banal und wirklich nicht schwer zu verstehen, dass die Einnahmen größer sein sollten als die Ausgaben. Dieses Prinzip gilt für jede Wirtschaft, für jeden Haushalt, ob staatlich oder in der Familie oder im Unternehmen. Und wenn alle Beteiligten Werte schaffen, gelingt das auch bei jeder wirtschaftlichen Einheit – dann gibt jemand zwar Geld aus, bekommt dafür aber auch ein schönes Haus. Oder eine Villa in Spanien, die dann wieder Arbeitsplätze schafft. Es ist eben Quatsch zu denken, dass Wohlstand nur auf Kosten anderer möglich ist.

Und dann will ich an Götz Werner (1944–2022) erinnern, den Gründer der Drogeriemarktkette dm und übrigens Verfechter des erwähnten »bedingungslosen Grundeinkommens«. Auch wenn ich von diesem BGE nichts halte, hatte Werner in einem Punkt recht: Er sagt, der Gewinn sei nicht das Ziel, sondern die Bedingung eines jeden Unternehmens. Ohne dass die Einnahmen die Ausgaben übersteigen, überlebt niemand. Kein Mensch, kein Unternehmen, kein Staat.

Und dann: Habgierig ist doch eher, wer Anspruch auf das Geld anderer erhebt. Oder? So sehe ich das. Nennt mich altmodisch. Aber wenn jemand ganz selbstverständlich erwartet, dass er ohne jede Leistung von meinen Steuern bei Aldi einkauft, dann ist der habgierig. Und unsolidarisch. Er will das Geld anderer Leute, er will ihnen was wegnehmen.

Noch mal: Ich bin überhaupt nicht gegen ein Sozialsystem, um Bürgern zu helfen, die unverschuldet in Not geraten. Natürlich müssen wir als Gesellschaft Menschen in Not auffangen. Aber zugleich ist es eben auch für Faulpelze einfach zu bequem geworden, die müssen sich nicht mehr aufraffen. Womit ich bitte nicht sage, dass Menschen in Not Faulpelze sind – oder wollen Sie mich absichtlich missverstehen? Nein: Es ist richtig, Menschen in Not zu helfen. Und es ist falsch, dass sich mithilfe dieses Sozialsystems auch Faulpelze durchschnorren. Beides sind verschiedene Dinge.

Ich bin auch nicht für ungeregelten Kapitalismus. Schon gar nicht international: Dass ausländische Unternehmen in unserem Land Geld verdienen, ohne hier Steuern zu zahlen, und dass managergeführte Konzerne weniger Steuern zahlen als inhabergeführte Mittelständler, das ist alles grundfalsch. Unternehmer sollen sich an faire Regeln halten. Völlig klar. Und die WTO hatten wir ja schon. Eine absolut sinnvolle Institution.

Aber wenn wir 1,2 Billionen Euro für Soziales ausgeben, ein Drittel des gesamten Bruttoinlandsprodukts, haben wir es übertrieben. Und wenn wir dann noch die Leistungsträger beschimpfen, wenn wir sie im Parlament und in der Regierung kaum mehr repräsentieren, wenn jede Regierung die Nettozahler noch mehr ausquetscht, dann sind wir zu weit gegangen.

Die Leistungsträger sind ohnehin nur eine Minderheit. Wenn jetzt die Mehrheit diese Minderheit noch weiter auspressen will, ist es überhaupt kein Wunder, dass diese Leistungsträger sich zunehmend verweigern. Die einen hören einfach auf zu arbeiten, verprassen den Rest und wechseln ins Empfängerlager über. Die anderen wandern aus. Und manche machen die Firma einfach zu, entlassen die Leute und leben als Privatier. Ich kenne etliche in diesem stillen Streik. Und ich war selber schon mehr als einmal kurz davor, dem Staat die Brocken vor die Füße zu werfen.

Nur: Was machen wir denn dann, wenn zusätzlich zu denen, die keine Leistung mehr erbringen können, weil sie's verlernt haben, auch noch die aufhören, die nicht mehr wollen? Wenn die wirklichen High Potentials jetzt auch noch die Arbeit einstellen? Dann verliert das Land noch mehr Wertschöpfung und noch mehr Arbeitsplätze und Steuereinnahmen.

Zum Glück kann der Staat uns nicht zwingen, unsere Unternehmen zu leiten! Und ich verstehe es sehr gut, wenn manche Unternehmer sagen, dass sie angesichts dieser Ignoranz gegenüber ihrer Leistung und angesichts der Gängelung durch bürokratische Vorschriften alles hinwerfen. Weshalb sollten wir uns auch freiwillig einer solchen Tortur unterziehen?

Aus der Dodo-Ecke schallt es jetzt: »Ja, aber die Leistungsträger sind doch wohlhabend! Die sollen nicht jammern, sondern zahlen!« Ist klar! Diese Dodos sollten mal die Perspektive wechseln: Stellt euch vor, ihr arbeitet hart, verdient Geld, zahlt Steuern und finanziert damit Leute, die euch dafür beschimpfen. Macht das Spaß? Ihr solltet euch nicht darüber wundern, wenn es bald keine Staatsknete mehr für euch gibt. Denn diese Staatsknete erarbeitet nicht ihr Dodos – dazu seid ihr gar nicht fähig, weil ihr keine Ahnung von Entrepreneurship habt. Sondern diese Staatsknete erarbeiten wir! Wir Leistungsträger.

Mir reicht's!

Ich kenne einen Marketingprofi, der lebt mit seiner Familie jetzt auf Zypern. Er ist Mitte vierzig, war in Deutschland sehr erfolgreich, aber sehr unzufrieden mit den gesellschaftlichen Bedingungen. Er fand die Schule seiner Kinder unter aller Sau – so gut wie nichts Wesentliches fürs Leben haben sie dort gelernt. Das war ein Hauptgrund für ihn, dem Land den Rücken zu kehren. Gestört hat ihn außerdem die Höhe der Steuern und Abgaben und deren immer weiter steigende Tendenz.

Irgendwann war es zu viel für ihn. Laut sagt das ja keiner, aber unter Freunden stellte er klar: Er hat endgültig und restlos die Schnauze voll von Vater Staat. Er stellte sein Geschäft auf reinen Online-Betrieb um, machte sich dadurch standortunabhängig, entließ alle Mitarbeiter, verkaufte seine Immobilien und Firmenbeteiligungen und zog dann nach Zypern.

Dort empfing ihn eine unternehmerfreundliche Verwaltung mit offenen Armen. Die Firma war in wenigen Tagen gegründet. Jetzt hat er mehr Sicherheit für sein Familienvermögen, zahlt im Vergleich sehr niedrige Steuern und Abgaben und schickt seine Kinder auf eine internationale Privatschule mit Topniveau. Und natürlich ist es auf Zypern wärmer als in Deutschland.

Um die aktuelle Besteuerung etwas genauer zu beziffern: Die Zyprioten haben genau so ein Stufen-Tarif-System ohne Ausnahmen, wie der »Professor aus Heidelberg« Paul Kirchhof vorgeschlagen hatte. In Zypern sind es vier Stufen. Die ersten 19.500 Euro Einkommen sind steuerfrei. Das weitere Einkommen bis 28.000 Euro pro Jahr wird mit 20 Prozent besteuert. Dann gibt es eine Stufe von 28.000 bis 36.300 Euro mit 25 Prozent. Das darüber hinausgehende Einkommen bis 60.000 Euro wird mit 30 Prozent versteuert. Und ab 60.000 Euro werden 35 Prozent fällig. Fair ist das.

Außerdem zahlt der Kollege keine Steuern auf Zinserträge, keine Steuern auf Dividenden, keine Steuern auf Gewinne aus dem Verkauf von Wertpapieren. Der Körperschaftsteuersatz liegt bei 12,5 Prozent. Es gibt keine Gewerbesteuer. Und ganz wichtig: Es gibt keine Erbschaftsteuer. Das sind wirklich gute Bedingungen für einen Unternehmer, da lohnen sich Investitionen und Firmenbeteiligungen und der Aufbau von Privatvermögen, und du fühlst dich willkommen und wertgeschätzt. Beim Umzug hat er keinen einzigen Kunden verloren, weil er sein Geld ja sowieso ausschließlich übers Internet verdient.

Ihm und seiner Familie geht es seitdem richtig gut, erzählte er mir.

Bekannte, die in die Schweiz gezogen sind, habe ich auch mehrere. Das Coole dort: Du kannst mit deinem Kanton den Steuersatz aushandeln. Die Kantone stehen untereinander in Steuerwettbewerb, sodass es immer verschiedene Angebote gibt: Kantone mit hohen Steuern und viel Leistungen und Kantone mit wenig Steuern und weniger Leistungen. Du suchst dir aus, was dir besser gefällt.

Wie in Zypern gibt es auch keine Steuervorauszahlungen, was in Deutschland ja auch mehr als nervig ist. Das heißt: Die Unsitte, dass du Steuern vorauszahlst auf Einkommen, das du noch gar nicht erwirtschaftet hast, gibt es da nicht. Warum Unsitte? Weil der Regelung grundsätzliches Misstrauen zugrunde liegt. Der Staat vertraut den Menschen nicht, dass sie Steuern zahlen.

Probieren Sie es aus: »Vergessen« Sie einmal als Selbstständiger am 10. des jeweiligen Monats Ihre Einkommensteuervorauszahlung. Da haben Sie in Kürze eine Mahnung vom Finanzamt im Briefkasten mit der Drohung der Kontopfändung. Dabei mahnt der Staat Geld an, das Sie noch gar nicht haben. Denn die Vorauszahlung ist ja nur eine Prognose aus den vergangenen Jahren. Sie wissen noch gar nicht, ob Sie in diesem Jahr die gleichen Umsätze machen wie im Vorjahr.

Das trifft nur reiche Kapitalisten, die ohnehin böse sind? Nein – es trifft alle Selbstständigen und kleinen Betriebe: Friseure, Elektriker, freie Journalisten, Veranstaltungstechniker, Bäcker, Kneipiers, Gastronomen, Webdesigner, Grafiker, Seminarleiter. »*_Innen« natürlich.

Nein, der Staat geht nicht freundlich mit denen um, die ihn finanzieren. Und noch einmal: Die Politiker, die sich solche Regelungen ausdenken, und die Beamten, die solche Mahnbescheide als Standardbriefe formulieren, haben noch nie in ihrem Leben unter ökonomischen Bedingungen gearbeitet. Sie haben keine Ahnung vom Geschäftsleben. Sie scheinen nur bis zu ihrem Onlinebanking zu denken: Ihre Bezüge kommen vom Staat. Woher der sie hat, so weit denken sie nicht.

Wen wundert es da, wenn die Leistungsträger abhauen?

Einer aus meinem Bekanntenkreis ist nach Dubai abgehauen, also in die Vereinigten Arabischen Emirate (VAE). Das machen immer mehr. Dort sind alle Arten des persönlichen Einkommens steuerfrei. Also: keine Einkommensteuer, keine Vermögensteuer, keine Unternehmensteuern, keine Erbschaftsteuer. Und es ist noch wärmer als auf Zypern.

Einwanderer fühlen sich dort auch nicht als Ausländer, weil ohnehin 90 Prozent der Einwohner Dubais Ausländer sind, darunter Zehntausende Deutsche, Schweizer und Österreicher. Die Immobilienpreise sind niedrig, die Lebenshaltungskosten geringer als in Mitteleuropa, die Infrastruktur ist topmodern, die Sicherheit ist höher als in deutschen Großstädten, es gibt sehr gute deutschsprachige Schulen.

Der Bekannte in Dubai hat seine GmbH in Deutschland behalten, hat einen Geschäftsführer eingesetzt und schreibt jetzt von seinem neuen Wohnsitz aus Rechnungen an seine Firma für seine Leistungen. Nach Feierabend geht er im Persischen Golf schwimmen, und danach schickt er mir Informationen über den Stand der Dinge in Sachen autonomes Fahren.[54]

Es gibt da jede Menge Wege und Möglichkeiten mit Firmensitz im Ausland, manche auch ganz ohne dass das komplette Auswandern nötig wäre. Ein Unternehmer aus meinem Bekanntenkreis macht mit seinem Geschäft ohne Angestellte 4 Millionen Euro Umsatz im Jahr. Jetzt hat er sich in der Schweiz eine Wohnung gemietet und im Kanton Zug eine Firma angemeldet. Die schreibt Rechnungen an seine Firma in Nordrhein-Westfalen. So bekommt er sein Einkommen legal in die Schweiz transferiert, wo es sehr niedrig besteuert wird und sicher geparkt ist.

Miese Steuertricks, denken Sie? Unsolidarisch?

Warum denken Sie das? Ist es denn ein mieser Trick, wenn Ostbrandenburger in Polen tanken? Ist es mies, wenn Sie für richtig gutes Geld in der Schweiz arbeiten und grenznah in

Deutschland preiswert wohnen und einkaufen? Nein! Es ist nur mies, wenn Unternehmer das tun. Dodos dürfen das. Dodos dürfen Steuern vermeiden, Leistungsträger nicht. Durchschauen Sie so langsam die Gehirnwäsche, die dahintersteckt?

Für mich selbst habe ich mal überlegt, nach Irland zu gehen. Ich fand aber, dass es nicht gut kommt, meinen Kunden Rechnungen aus Irland zu schicken. Vielleicht bin ich da zu altmodisch. Aber jeder denkt doch sofort: Da prellt einer die Zeche. Wie das viele Unternehmen eben auch tun, deren Firmierungen auf der Grünen Insel angesiedelt sind.

Ganz generell habe ich Berührungsängste mit der Steuerflucht. Ich habe das früher für verwerflich gehalten. Aber mittlerweile habe ich Verständnis dafür. Meiner Ansicht nach hat der Staat hier komplett versagt. Alle, die ich kenne, die abgehauen sind, wären eigentlich am liebsten in Deutschland geblieben. Alle würden gerne grundsätzlich zum Bruttoinlandsprodukt und zum Gemeinwesen beitragen. Aber die Politik der Bundesrepublik Deutschland will uns hier ja gar nicht, sonst würde sie es attraktiver machen zu bleiben. Der Umgang wäre wertschätzender. Am Ergebnis gemessen, scheint es das Ziel der Politik zu sein, die Leistungsträger aus Deutschland zu vertreiben.

Und das gelingt auch: Irgendwann ist die Bereicherung durch unsere Arbeit nicht mehr hinnehmbar. Bei vielen ist die Grenze überschritten, sie sind für die deutsche Gesellschaft verloren. Bei mir ist die Grenze immerhin erreicht. Ich bin nicht mehr nur am Jammern und Motzen und Hadern. Sollte eine neue Regierung weitere Steuererhöhungen durchsetzen, werde ich der Gesellschaft allerdings dann ebenfalls verloren gehen. Und zwar ohne schlechtes Gewissen. Ich habe mehr Steuern und Abgaben in meinem Leben gezahlt als 99 Prozent der Menschen in diesem Land. Moralische Vorwürfe sind da einfach nicht angebracht, und auch Behörden sollten sich nicht unverschämt benehmen.

Das Aufzehrmodell

Wer dableibt, muss fürs Alter vorsorgen. Dass die Rente nicht sicher ist, weiß jeder – Norbert Blüms Lüge hatten wir ja schon. Die Wahrheit ist: Was junge Leute heute einzahlen, werden sie nie wieder rausbekommen. Das gibt die Demografie einfach nicht her. Auch die Krankenversicherung und die Pflegeversicherung sind nicht nachhaltig finanziert, die Beiträge werden bei weiter schlechter werdenden Leistungen weiter steigen müssen, weil die Kosten immer höher werden. Auch hier schlagen die geburtenstarken Jahrgänge zu Buche.

Aber die meisten scheinen sich wider alle Vernunft weiter auf den Staat zu verlassen. Dem gegenüber kenne ich viele Unternehmerkollegen, die es so halten wie ich: Das Alter ist Sache der Familie. Deine ersten 20 Jahre haben sich deine Eltern um dich gekümmert, um die letzten 20 Jahre deiner Eltern kümmerst du dich. Nicht der Staat. Also bekommen die Eltern eine Wohnung, und am Schluss, wenn sie nicht mehr alleine wohnen können, holst du sie zu dir nach Hause. Dann stellst du Pflegerinnen an. Klar, das Ersparte der Eltern wird erst mal aufgebraucht, dann zahlst du weiter.

Das entspricht übrigens auch dem Willen des Gesetzgebers: »Verwandte in gerader Linie sind verpflichtet, einander Unterhalt zu gewähren«, heißt es in § 1601 BGB. Und diese uralte Regelung aus dem Jahr 1900 ist auch fair so. Da wir uns auf den Staat nicht verlassen können, bereiten wir die Pflege eben selber vor.

Aber Moment, da hat sich doch rechtlich etwas geändert: Genau! Seit Anfang 2020 müssen Sie für Ihre pflegebedürftigen Eltern nur noch dann Unterhalt zahlen, wenn Sie mehr als 100.000 Euro brutto im Jahr haben.[55] Merken Sie was? Das »Angehörigen-Entlastungsgesetz« verschiebt die Pflege zum Staat. Und wer mehr als 100.000 Euro brutto im Jahr hat, versucht eben, trotz immenser Besteuerung ein Privatvermögen aufzubauen, damit im Alter überhaupt etwas da ist, das aufgezehrt werden kann.

Das läuft bei dem einen gut, bei dem anderen weniger gut. Bei manchen läuft es so gut, dass sie schon früher auf die Zielgerade einbiegen als mit Ende sechzig. Ich kenne einen Architekten, dessen Büro lief extrem gut. Mit 55 Jahren hörte er einfach auf. Er hätte locker noch 20 Jahre Wertschöpfung erbringen und das Staatssäckel weiter mit vielen Millionen füllen können. Das hätte er auch gerne gemacht, weil ihm sein Beruf Freude gemacht hat. Aber ihm waren die Steuern zu hoch und vor allem die Überregulierung und die Bürokratie ein Gräuel. Er wollte nicht mehr.

Seit Kurzem hat er seinen Plan B umgesetzt: Er hat sein Büro dichtgemacht. Einfach aufgehört. Er verkauft jetzt in den nächsten paar Jahrzehnten nach und nach seine Immobilien und versucht das so zu planen, dass am Ende nur noch wenig übrig ist, damit der Staat sein Erbe nicht fleddert. Er ist der Meinung, seinen Beitrag geleistet zu haben. Für mehr ist er nicht bereit. Er versucht das vor allem so umzusetzen, dass er im Alter abgesichert ist und seine Kinder nicht draufzahlen müssen. Aber der Staat soll nichts mehr bekommen. Der hat schon genug.

Selbstverständlich hat er den Freibetrag von 400.000 Euro pro Kind bereits genutzt und Vermögen an sie verschenkt. Und alle zehn Jahre wird er das wiederholen, weil dann der Freibetrag erneuert wird. Das machen so gut wie alle, die das können, ist ja klar.

Mit dem restlichen Geld lebt er einfach und macht, was ihm Spaß macht: Tennis, Golf, Sauna.

Er ist also zum Konsumenten geworden. Damit finanziert er viel weniger Arbeitsplätze und erwirtschaftet viel weniger Steuern als früher, als er noch Produzent war. Ich finde das schade. Denn seine Wertschöpfung geht der Gemeinschaft verloren. Aber ich kann ihn mittlerweile gut verstehen.

Deutschland blutet also aus. Das geistige, menschliche und finanzielle Potenzial wandert ab. Tendenz zunehmend. Die verbliebenen Nettozahler leben auf gepackten Koffern. Die Unternehmer haben alle ihren Plan B. Glauben Sie, das Leben wird lustig ohne uns Unternehmer, die die Arbeitsplätze bereitstellen?

Kein Unternehmer wird eine staatliche Bevormundung wie in einer zweiten DDR hinnehmen, den noch tiefergehenden Rückgang privater Möglichkeiten und die Zunahme staatlicher Vereinnahmung. Wir machen das einfach nicht mit. Wir sind bereit, Steuern zu zahlen und etwas zur Gesellschaft beizutragen, und das tun wir bisher auch. Geht es jetzt aber noch weiter in Richtung Leistungsverachtung, müsste die Regierung schon eine Mauer bauen, damit die guten Leute nicht flüchten.

Ansonsten werden die Melkkühe den Stall verlassen. Ich auch. Ich habe nie mein Geld in Steuersparmodelle gesteckt, habe keine Windkraftanteile oder Schiffsbeteiligungen gekauft. Ich habe einfach meinen Beitrag geleistet. Ich bin einer der Deppen unseres Systems: der ehrliche Bürger mit Reichensteuersatz, der 100 Stunden die Woche arbeitet.

Schön blöd.

Darum empfehle ich Ihnen ja auch nicht, endlich wieder mehr zu leisten. Das wäre keine kluge Empfehlung: Wer in diesem Land im gegenwärtigen Klima mehr leistet als die anderen, ist der Dumme.

Ich schreibe stattdessen: Wir brauchen wieder eine Leistungskultur! Erst dann wird Leistung wieder gewürdigt und belohnt statt bestraft. Erst dann werden die Nettozahler wieder wertgeschätzt. Erst dann werden sie wieder mehr. Erst dann geht es wieder aufwärts. Erst dann kommen die ausgewanderten Leistungsträger zurück. Erst dann lohnt es sich wieder, so bekloppt zu sein wie ich und so viel zu leisten.

Ich will, dass sich Leistung wieder lohnt. Ich will nicht, dass wir alle mehr arbeiten, mehr leisten und dadurch der Staat noch fetter und die Eingriffe des Staats in unser Leben noch absurder werden!

Die Frage ist nur: Wie soll das gehen, dass sich Leistung wieder lohnt? Wie wollen wir diese Kurve kriegen, wo doch kein Politiker jemals freiwillig auf Geld, Macht und Einfluss verzichten wird und deshalb der Mehrheit die Versorgung gibt, die sie will? Das ist die große Frage.

Also: Wie?

Teil 3

Klartext! Für eine neue Leistungskultur

14
Wir brauchen eine andere Haltung

In einer deutschen Großstadt eröffnet ein neues Hotel. Ein Unternehmer investiert darin sein ganzes Geld. Seine Idee: Maximal gastfreundliche Mitarbeiter. Wie bekommt er das hin? Er gibt den Mitarbeitern überdurchschnittlich hohe Gehälter und sehr viel Freiheit. Freiheit, selbst Entscheidungen zu treffen, Freiheit, sich selbst zu organisieren. Er geht davon aus, dass die Mitarbeiter dadurch viel Freude am Arbeiten entwickeln, sich mit dem Hotel identifizieren und dass die Gäste das spüren.

Extrem guter Plan. Und es funktioniert. Die Mitarbeiterbewertungen auf der Arbeitgeberbewertungsplattform Kununu sind maximal gut, die Kundenbewertungen in den Hotelportalen auch. Er ist selbst überrascht, wie gut das aufgeht. Das Geschäft beginnt aus sich selbst heraus, langsam, aber sicher zu laufen.

Dann kommt ein Kontrolletti vom Staat ins Haus und fängt an rumzuschnüffeln. Er findet: Da hat eine Mitarbeiterin elf Stunden am Stück gearbeitet! Ist verboten! Der Unternehmer bekommt eine Anzeige wegen Verletzung des Arbeitsschutzgesetzes. Er hat seine Aufsichtspflicht verletzt und was weiß ich noch alles. »Böser, böser Unternehmer!«, schimpft der gute, gute Staat.

Die Kollegin, die da länger gearbeitet hat, als der Staat es will, sagt: »Na ja, ich hatte gerade meinen Dienst fertig, und da kam eben ein verspäteter Flieger an. Die Leute kamen nicht mehr weiter und mussten übernachten. Wir hatten plötzlich ungeplant die Hütte voll. Da haben wir uns riesig gefreut über die zusätzlichen Gäste. Waren aber im Teamplan wegen der Reservierungen auf weniger eingestellt. Mein Kollege wäre allein an der Rezeption gewesen. Die Gäste waren müde und hätten dann vielleicht beim Einchecken noch warten müssen. Da bin ich dann eben auch noch dageblieben, um ihn zu unterstützen. Freiwillig. Es war meine Idee. Und es war ein cooler Abend. Hat Spaß gemacht!«

Der Staat muss aufhören zu stören

Der Chef hatte also überhaupt keinen zu langen Dienst angeordnet, sondern die Mitarbeiterin hat freiwillig Verantwortung übernommen für ihren Kollegen, für die Gäste und den ganzen Betrieb. So, wie es sein sollte. So wie es Papi Staat nicht will. Der bestraft jetzt den Chef und damit indirekt auch alle Mitarbeiter.

Da sage ich: Ey, Staat, hast du sie noch alle? Da will jemand Werte schaffen, und du störst? Spinnst du? Geh verdammt noch mal aus dem Weg! Du nervst!

Und klar, ich weiß schon, dass beim Arbeitsschutz die Gewerkschaften die treibende Kraft sind, mit ihrem Klassenkampf aus dem vorletzten Jahrhundert, die mit ihren Maximalforderungen eher Arbeitsplätze vernichten, als welche zu schaffen. Aber lassen Sie mich mal fragen: Welcher Gewerkschafter hatte jemals eine Geschäftsidee? Welcher Gewerkschafter hat jemals produktive Arbeitsplätze geschaffen und durch Wertschöpfung sinnvolle Steuern generiert?

Wenn du dir klarmachst, dass mitten in der Coronakrise, wo die ganze Gesellschaft bereits maximal belastet und kurz vorm Zerreißen ist, die Gewerkschaft Deutscher Lokomotivführer (GDL) die Egozentrik besitzt, den Bahnverkehr zu blockieren, und die Gewerkschaft ver.di allen Ernstes zu Arbeitsniederlegungen im Handel aufruft, dann kannst du dir doch nur noch an den Kopf fassen: Die, die am lautesten nach Solidarität schreien, sind die Unsolidarischsten von allen. Wir sollten doch alle miteinander froh sein, wenn wir die Wirtschaft einigermaßen heil durch diese Vielzahl von Krisen bekommen, die wir derzeit durchleben. Diese unsozialen Amokläufer haben die Macht, die ganze Gesellschaft beim Fortkommen zu stören, weil die Politik sich ihnen andient.

Diese Haltung muss sich unbedingt ändern. Es muss aufhören, dass Dodos die Leistungsträger von der Arbeit abhalten. Die Dodos dürfen uns nicht weiter daran hindern, Werte zu schaffen und das Geld für diese Gesellschaft zu erwirtschaften. Die Sabotage muss aufhören. Der Staat und seine Behörden sollen den Menschen beim Leben helfen und nicht dabei stören! Und auch die Gewerkschaften sollen bitte konstruktiv dazu beitragen, dass wir reale Werte schaffen.

Diese Nuss müssen wir knacken: Papi Staat will immer fetter werden und unser Leben kontrollieren bis ins kleinste Detail. Papi Staats Vision ist nicht Wertschöpfung und Weiterentwicklung, sondern Gleichheit. Wir sollen bitte Durchschnitt sein. Sobald jemand den Kopf rausstreckt und mehr leistet als der Durchschnitt, gibt's eine Ohrfeige. Durch die Neidkultur und den Gleichheitswahn, vorrangig von Leuten vertreten, die selbst nichts Produktives auf die Kette kriegen.

Wer sich unter den aktuellen Bedingungen darauf verlässt, dass der Staat uns ins 21. Jahrhundert führt, dass der Staat uns die Motivation und die Leistungsbereitschaft zurückholt, dass der Staat uns in den Zukunftsbranchen wieder an die Weltspitze bringt, dass der Staat die Kinder in der Schule wieder lehrt, was sie zum Leben brauchen, dass der Staat uns den Stolz auf unsere Leistungen zurückgibt – wer sich darauf verlässt, hat einfach nicht kapiert, dass Papi Staat ein ganz anderes Interesse hat.

Und das nicht, weil der Staat so böse und die Politiker so gemein sind, sondern weil es die Mehrheit so will und sich die Politik danach richtet. Wir leben in einer Demokratie. Und das möchte ich auch gar nicht anders. Ich finde, auf diesen demokratischen Gedanken sollte sich die Politik zurückbesinnen.

Denken Sie einfach mal an den Zustand der CDU. Also der Partei, die vor zwanzig Jahren noch für den Leistungsgedanken stand. Es gab durchaus Köpfe, die die alten Werte durch die Kanzlerschaft Angela Merkels retten wollten – die *Süddeutsche Zeitung* nennt sie »Merkels gefallene Männer«[56]: Hessens Ex-Ministerpräsident Roland Koch (* 1958) »nervte die Bundespartei mit Forderungen nach weitreichenden Reformen«. Jürgen Rüttgers (* 1951), früher Ministerpräsident von Nordrhein-Westfalen, »kritisierte die Unschärfe der Merkel-Politik«. Friedrich Merz (* 1955), von 2000 bis 2002 Chef der Bundestagsfraktion, »machte sich mit seinem Reformeifer unbeliebt«. Das sage alles nicht ich, das sind alles Zitate aus der *Süddeutschen.* Alle abgesägt, weil nicht auf Linie. Es geht halt um Opportunismus. Und jetzt, da die CDU in Trümmern liegt, bekommt Merz seine Chance als Parteivorsitzender.

So läuft das. Die Demokratie ist ausgehöhlt. Bei der Bundestagswahl 2017 bekamen die Unionsparteien 32,9 Prozent der Stimmen, also nicht einmal ein Drittel. Und trotzdem hat Merkel alle Andersdenkenden weggebissen und mit ihrer Haltung durchregiert, als stünden 100 Prozent hinter ihr. Ist so eine nahezu absolutistische Herrscherin dann mal weg, bleibt von der Vielfalt dieser Partei eben nicht mehr viel übrig. Im Rückblick hat Angela Merkel die einstmals stolze CDU schlicht zerstört.

Und keiner hat es thematisiert! Bis zum Schluss, nach dem verunglückten Vorsitz von Armin Laschet (* 1961), hat niemand die Verursacherin der Misere beim Namen genannt. Weil alle Angst hatten um ihre Pöstchen, wurde von Merkels »Verdiensten« geschwafelt. Solche Leute werden niemals laut für eine sinnvolle Minderheitsmeinung eintreten. Sie werden – wie Merkel – ihr Fähnchen nach dem Wind der Mehrheit richten, die mit Glück vielleicht gerade mal weiß, wie man das Wort »Wertschöpfung« buchstabiert. Nach der Mehrheit derer, die noch nichts von Belang beigetragen haben zu diesem Land.

Demokratie heißt ja auch nicht, dass die Mehrheit die Minderheit unterbuttert. Schon mal was von Minderheitenschutz gehört? Gilt auch für Leistungsträger! Die Politik hört auf Vertreter aller möglicher Minderheiten, zum Beispiel auf Virologen. Richtig so. Warum hört sie nicht auf Unternehmer?

Diese Gesellschaft droht an einem Logikfehler zu zerbrechen: Die Arbeit und auch die Ansichten von Unternehmern und Leistungsträgern sind existenziell wichtig – aber weil Unternehmer und Leistungsträger eine verschwindend geringe Minderheit sind, geht ihre Meinung im Geschäft der Mehrheitsbildungen unter.

Wertschöpfung braucht Verfassungsrang

Hier braucht unsere Demokratie eine Sicherheitsfunktion wie bei den Grundrechten, die sich auch durch Mehrheiten nicht aushebeln lassen. Die Wertschöpfung im Land muss genauso gewährleistet und gesichert sein wie zum Beispiel die Grundversorgung durch die Berichterstattung. Nehmen Sie ruhig den öffentlich-rechtlichen Rundfunk als Beispiel: Selbst wenn ihn eine Mehrheit abschaffen wollte, bliebe er bestehen, weil er laut Bundesverfassungsgericht eine »öffentliche Aufgabe« ist – aber interessanterweise zugleich »staatsfern«.[57] Genau den gleichen verfassungsrechtlichen Schutz braucht im Grunde auch die Wertschöpfung. Nur ist die dann natürlich nicht gebührenfinanziert.

Eigentlich ist es ein Wunder, dass die Wertschöpfung keinen Verfassungsrang hat, obwohl sie neben dem Frieden so ziemlich die wichtigste Voraussetzung dafür ist, dass ein Land überhaupt funktioniert. Nur zu erklären, dass der Staat Steuern einnimmt, genügt nicht: Wir müssen deutlich machen, worauf Wertschöpfung im Kern beruht, nämlich auf dem Schaffen von Werten. Nur Wertschöpfung erhöht letztlich die Steuereinnahmen.

Werden die Menschen das jemals begreifen? Ich fürchte, bis dahin ist es ein langer Weg. Noch immer denkt die Mehrheit beim Stichwort »Wertschöpfung« an Geldmacherei. Also ist das Ziel, dieses Wissen zu vermitteln und für den Schutz der Wertschöpfung eine Mehrheit zu bilden.

Und wenn wir eine Gesellschaft ändern wollen, dann müssen wir alle unsere Haltung ändern. Nur: Wie geht das? Tja: Wir sollten erst mal in den Spiegel schauen.

Setz dich auf den Steg, angle und rede!

Wenn ich selber in den Spiegel schaue: Ich war als Jugendlicher ja ein kompletter Loser. Ein flugunfähiger, kampfunfähiger, unbeweglicher, dicker Dodo. Das geborene Opfer. Und ich habe in meinem Leben die Kurve gekriegt. Und zwar komplett. Also habe ich mich gefragt: Warum eigentlich? Was waren die Faktoren, die meinem Leben die Richtung gegeben haben, sodass ich heute kein Loser mehr bin?

Das Erste, was mir dazu einfällt: mein Papa.

Er hat noch unter Tage Schweißer gelernt, hat sich dann im wahrsten Sinne des Wortes hochgearbeitet, hat als Angestellter bei einer Firma Tresore geschweißt und gebaut, hat sich dann selbstständig gemacht mit einem Kompagnon, bis herauskam, dass letzterer ihn betrogen hatte. Das war ein harter Zusammenbruch, auch finanziell. Aber mit Fleiß, Fleiß, Fleiß arbeitete er sich aus diesem Loch wieder raus. Er wurde Geschäftsführer bei einer schwedischen Firma, entwickelte dort das »allzeit verfügbare Mietfach« mit. Mit über 50 Jahren richtete er in China

Sicherheitstechnik in Banken ein, konstruierte für die Bank of China die größte runde Tresortür der Welt. Er arbeitete, bis er 67 war, und ging dann in Rente. Solange ich ihn kenne, war er immer fleißig. Alles, was er erreicht hat, hat er mit Fleiß erreicht.

Hobbys hatte er keine. Denn dafür hatte er keine Zeit. Er hatte seine Arbeit und seine Familie. Und wenn er mit uns am Wochenende auf dem Campingplatz war, gab es auch immer was zu tun: Rasen mähen, was am Vorzelt machen, Wohnmobil umbauen und so weiter, die Arbeit ging nie aus. Oft durfte ich ihm dabei helfen. Ich habe meinen Dad sein Leben lang immer nur arbeitend erlebt. Morgens ging er um halb acht aus dem Haus, abends kam er um halb acht nach Hause. Abendessen, *Tagesschau* gucken, ab ins Bett.

Mein Papa ist eher ein ruhiger Typ, eher introvertiert. Er verliert keine großen Worte. Er macht einfach. Er ist einfach fleißig. Und genau das habe ich von ihm gelernt. Wenn du so einen Vater hast, kannst du selbst nur fleißig werden. Das geht gar nicht anders.

Der Nächste, der mir einfällt: Hans.

Als ich ein dickliches, pickeliges Muttersöhnchen war, auf dem Campingplatz am Wolfsee rumlungerte und mich von den Gleichaltrigen piesacken ließ, da war der Hans Marktleiter bei Rewe in Dinslaken. Ein respektabler Mann. Er hatte einen Schnauzbart und rauchte Pfeife. Führungspersönlichkeit, natürliche Autorität. Der ging immer am Wolfsee angeln. Und da liefen wir uns über den Weg. Ich interessierte mich fürs Angeln, und er zeigte es mir.

Irgendwann saßen wir stundenlang beim Angeln. Und redeten miteinander. Hans erklärte mir die Welt, indem er einfach so erzählte. Von seiner Arbeit. Von seiner Verantwortung. Nebenher lernte ich von ihm das Angeln.

Wenn die anderen Freitagabend vor der Glotze hingen, saß ich auf dem Steg und angelte. Oft ganz allein. Die ganze Nacht durch. Ich schlief draußen auf dem Steg. Und das alles machte etwas mit mir. Ich glaube heute, dass Hans und das Angeln in mir den Keim der Unabhängigkeit geweckt haben. Sodass ich anfing, Selbstverantwortung zu üben.

Der nächste Schritt war, dass ich nach Amerika ging. Dort lernte ich Leistungsbereitschaft – wie gesagt durchs Schneeschippen: Erst schaufeln, dann scheffeln. Erst geben, dann nehmen. Die Bereitschaft, in Vorleistung zu gehen, anstatt erst mal zu fordern, das war dort Normalität. Diese unglaubliche Hilfsbereitschaft und Dankbarkeit, das verband die Menschen miteinander, verwob die Gesellschaft zu einem Leistungsverbund und sorgte täglich für Freude. So habe ich es erlebt.

Du siehst eine verschneite Einfahrt, du schaufelst, du erntest Schulterklopfen, ein strahlendes Gesicht des Hauseigentümers, und du bekommst Scheine in die Hand gedrückt. Und das ganz ohne Staat! Was für eine beeindruckende Erfahrung. Das hat mich bis heute geprägt. Ich habe gelernt: Gib und dir wird gegeben. Und das funktioniert überall, wo Menschen miteinander leben. Das hat sich für mich bis heute millionenfach bestätigt.

Und dann lernte ich Kenny kennen. Er war früher mal Football-Profi gewesen, und damals, als ich in den Staaten auf die Highschool ging, war er mein Sportlehrer. Ein Mordskerl, Schwarzer, Krokolederstiefel, fuhr einen riesigen Ford-Pickup-Truck. Der mochte mich irgendwie und kümmerte sich um mich, um mir zu helfen, in dem fremden Land Anschluss zu finden.

Kenny hatte in Pennsylvania im Hinterland ein riesiges Anwesen gekauft, 38 Hektar mit eigenem Fluss auf dem Grundstück. Er baute dort gerade mit den eigenen Händen sein Haus. Und mich nahm er am Wochenende mit, und ich half ihm.

Und oft saßen wir an seinem Fluss und angelten. Und redeten.

Kenny war ein unglaublich aktiver und stolzer Mann. Später wurde er Schulleiter. Von ihm habe ich gelernt, dass du deines Glückes Schmied bist: Du musst dein Feuer anzünden, dein persönliches Feuer in dir drin, deine Lebensenergie entfachen, dann musst du das Feuer durch tägliche Aktivität unterhalten, mit großer Zuversicht und Optimismus, dass es etwas Gutes hervorbringen wird. Du darfst nicht vergessen, das heiße Eisen mit großer Ausdauer zu hämmern, also für das Ergebnis deines Fleißes zu sorgen. Die Lebensfreude folgt dann von ganz allein.

Mit Kenny habe ich übrigens immer noch Kontakt. Er ist jetzt um die 70. Neulich meinte er, er würde noch mal ein Haus bauen. Ob ich Lust hätte, rüberzukommen und ihm zu helfen … Was für ein Kerl!

Ich hatte einige Vorbilder. Vier davon waren Papa, Hans, Amerika und Kenny. Sie lehrten mich Fleiß, Unabhängigkeit, Verantwortung, Leistungsbereitschaft, Ausdauer, Lebensenergie, Zuversicht, Stolz. Und vieles mehr. Sie können gar nicht ahnen, wie dankbar ich ihnen dafür bin.

Vorbilder! So, und wenn das der Weg ist, um einem pummeligen Loser den Weg ins Leben zu zeigen, dann ist das für mich eben auch die einzig denkbare Lösung für unser gesellschaftliches Problem. Dodoland wird untergehen – außer es lernt auf den letzten Drücker wieder fliegen. Dazu muss es überhaupt mal fliegen lernen wollen, dann ganz gehörig abspecken, die Flügel wachsen lassen und fleißig trainieren.

Das wird nur geschehen, wenn Dodoland gute Trainer, Lehrer und Vorbilder bekommt. So fett, dumpf und träge, wie unsere Gesellschaft heute ist, brauchen wir eine ganze Armee von Trainern, Lehrern und Vorbildern. Also müssen wir endlich damit anfangen, diese Armee aufzustellen. Es wird höchste Zeit.

Und das ist die Lösung, mit der Sie ganz konkret etwas anfangen können: Anstatt von denen da oben zu verlangen, etwas zu ändern, und anstatt sich als Leistungsträger weiterhin zu verstecken, überlegen Sie sich doch einfach mal: Wo kann ich mich zeigen? Für wen kann ich ein Vorbild sein? Und wofür? Wem kann ich welche Tugend weitergeben? Mit wem setze ich mich auf den Steg, angle und rede?

Und anfangen würde ich gar nicht mit Hightech und Biotech und Fintech. Und auch nicht mit Start-up-Szene und Seedmoney und Inkubatoren und so weiter. Wir brauchen die Nase gar nicht so weit oben zu tragen! Den Anspruch, bei den Zukunftstechnologien oder bei der Bildung ganz oben mitzuspielen, haben wir doch ohnehin für ein paar Jahrzehnte gründlich versiebt.

Ich würde erst mal wieder auf dem Boden der Tatsachen ankommen. Schluss mit dieser Arroganz. Ich würde erst mal wieder ganz unten anfangen. Und sagen:

Drecksjobs sind genau das Richtige für die Deutschen!

Macht euch endlich wieder die Hände schmutzig! Hintern putzen, Pflege. Bau. Handwerk. Müll. Anpacken. Aufräumen. Aufbauen. Das hat Zukunft!

Ganz im Ernst: In den nächsten Jahrzehnten bieten die Drecksjobs die besten Chancen für junge Leute. Warum? Weil sie keiner mehr machen will. Aber sie müssen gemacht werden. Also werden sie wertvoll. Die beste Grundlage, um Unternehmer zu werden. Und Unternehmer zu sein, ist die beste Grundlage, um Vorbild zu werden. Wenn Handwerk bislang goldenen Boden hatte, dann hat Handwerk in der nächsten Zeit einen Boden aus Platin und Diamanten.

Unter ganz bestimmten Voraussetzungen kann ein Handwerker Arbeit ohne Ende haben und irre Stundenlöhne verdienen, mit denen er einen großen Betrieb mit vielen Mitarbeitern aufbauen kann: Er muss Deutsch sprechen und deutsche Tugenden zeigen – also sehr genau, sehr sauber, sehr solide, sehr pünktlich, sehr verlässlich, sehr höflich, sehr freundlich und fachlich top arbeiten. Also so, wie es heute eher die polnischen Handwerkertruppen halten, nachdem wir in Deutschland diese Tugenden verlernt haben und zu Dodoland verkommen sind.

Ich bin Kunde eines kleinen Landschaftsbaubetriebs. Die Unternehmer sind zwei clevere deutsche Jungs, einer Ende dreißig, einer Mitte vierzig. Die haben sich selbstständig gemacht mit Pflastern, Wege und Treppen bauen, Bäume fällen und so weiter.

Die brauchen keinerlei Marketing. Die sind gut, darum super weiterempfohlen und darum ständig gebucht, du bekommst kaum mal einen Termin bei denen. Und sie sind schweineteuer. Die machen keine Festpreise, rechnen nur nach Stundensatz ab plus Anfahrt plus Richtzeit. Du kannst nicht verhandeln. Die sind mit der Qualität einfach konkurrenzlos in der ganzen Gegend.

Neulich waren sie ein paar Tage bei mir. Nur zu zweit. Einen Baum gefällt, ein bisschen Wege gebaut: 10.000 Euro abgerechnet. Und das Ergebnis war es wert. Klasse!

Wie du aus Dreck Gold machst

Erinnern Sie sich an die Liedzeile? »Denn Gold, Gold find' man bekanntlich im Dreck. Und Straßen sind aus Dreck gebaut.« Das hat Marius Müller-Westernhagen (* 1948) im Jahr 1978 gesungen – in seinem Lied *Mit 18*. »Ich will zurück auf die Straße«, ging der Refrain. Und das stimmt auch heute noch. Wir müssen zurück auf die Straße. Uns ehrlich machen.

Was passieren kann, wenn wir im Dreck wühlen, zeigt die Geschichte der Deutschen Amphibolin-Werke (DAW). Es war im 19. Jahrhundert, in der wirtschaftlich freiesten Gründerzeit in Deutschland. Der Hamburger Kaufmann Ernst Murjahn erwarb zusammen mit seinem Sohn Eduard Schürfrechte für Mangan im Odenwald. Eduard zog los und wühlte buchstäblich im Boden. Dabei buddelte er zufällig Hornblende aus, ein graugrünes, graubraunes, oft prismenförmige Kristalle bildendes Mineral aus der Gruppe der Amphibole.

Weil er zwar kein Mangan, aber dafür große Mengen Amphibol gefunden hatte, musste Eduard eben herausfinden, was er damit anfangen kann. Chance gesehen, Chance genutzt: Eduard entwickelte ein Verfahren, Amphibol zu Farb- und Verputzpulver aufzuarbeiten, und nannte dieses »Amphibolin«. Er hatte somit das Material, das Verfahren und das Produkt. Also gründete er 1889 im Odenwald die »Deutschen Amphibolin-Werke« und begann mit der Herstellung von Farb- und Verputzpulver sowie von Rostschutzfarben.

Sein Sohn Robert setzte die Arbeit seines Vaters fort und entwickelte ein eigenes Anstrich-Pulver auf der Basis von Kalk und Kreide. Er nannte eines der Produkte »Alpinaweiß«, ein großer Markterfolg bis heute.

Robert entwickelte auch das wässrige Emulsionsbindemittel »Caparol«, mit dessen Hilfe der Maler aus Pigmenten und Füllstoffen die benötigte Anstrichfarbe selbst herstellen kann. Das veränderte die Arbeitsweise des ganzen deutschen Malerhandwerks. Vieles wurde einfacher. Und das war Wertschöpfung: einmal die Stoffe selbst, und dann war auch die Vereinfachung beim Farbenmischen ein neuer Wert.

Roberts Sohn Klaus bekam ein florierendes, kerngesundes Unternehmen übergeben. Unter seiner Leitung entwickelten sich die DAW von einem lokalen Anbieter zu einem internationalen Marktführer. Umsatz- und Mitarbeiterzahlen stiegen dabei enorm.

Heute führt sein Sohn Ralf das Unternehmen in der fünften Generation. Unter seiner Leitung wurde die Markenstrategie der DAW weiterentwickelt und die Firma zur weiteren internationalen Expansion in eine moderne europäische Aktiengesellschaft umgewandelt: in die DAW SE.

Heute hat das Unternehmen 5600 Mitarbeiter, erwirtschaftet 1,3 Milliarden Euro Umsatz pro Jahr, produziert Farben in Deutschland, Russland, Italien, Frankreich und China. Und ist noch immer vollständig im Eigentum der Familie Murjahn.

Und woher kommt das alles? Daher, dass sich am Anfang jemand nicht zu fein dafür war, im Dreck zu wühlen.

Ich kann nur sagen: Wenn du etwas aufbauen willst, gibt es derzeit nichts Besseres, als sich die Hände schmutzig zu machen. Mach einen unpopulären, wenig prestigeträchtigen, harten, schmutzigen oder risikoreichen Job. Auch wenn du studieren oder in der Industrie Karriere machen könntest.

Und das ist eben auch etwas, was wir gesellschaftlich verändern können. Wir können aufhören damit, uns ständig zu fein für etwas zu sein. Wir sind nichts Besseres.

Ich kenne einen, dessen Sohn ein wirklich cleveres Bürschchen ist. Hat ein Eins-Komma-Abi, könnte überall studieren. Was macht er? Eine Ausbildung zum Kfz-Mechatroniker.

Sein Berufsschullehrer schüttelt nur den Kopf und sagt: »Junge, was machst du? Du könntest doch studieren!« Aber der »Junge« lacht nur. Er weiß ganz genau, was er will. Und was er nicht will. Und was macht er? Etwas, was im Augenblick alle massiv nachfragen. Er ist halt kein Dodo, der den leichtesten Weg wählt. Sondern er ist ein Macher und wählt den Weg, auf dem er am meisten bewirken kann.

Die Werkstätten in seiner Region haben sich um ihn gerissen. Er hat nur drei Bewerbungen an die drei besten Autohäuser geschrieben und hat drei Ausbildungsverträge auf dem Tisch liegen gehabt. Er konnte es sich aussuchen: Jetzt repariert und wartet er schon in der Lehre teure Luxusautos. In dem Betrieb ist er der einzige deutsche Lehrling. Er kann die Lehre abkürzen, braucht nicht alle Fächer in der Berufsschule zu machen, verbringt dafür freiwillig mehr Zeit in der Werkstatt, lernt schneller, verdient mehr, kann danach ruckzuck den Meister machen und ist dann mit Anfang zwanzig weiter als viele mit Mitte dreißig.

Er erarbeitet sich damit im Grunde die Option, überall auf der Welt sein eigenes Unternehmen zu gründen. Ein Deutscher mit Meistertitel im Handwerk – das zählt auf der Welt noch was. Es gibt zig Länder, die ihn mit Handkuss einwandern lassen würden. Aber er kann ja auch hierbleiben, einen gut bezahlten Job bekommt er immer. Und wenn es ihn juckt, kann er dann immer noch studieren, seinen Ingenieurabschluss machen oder was auch immer. Vielleicht landet er mal in der Entwicklungsabteilung eines Autobauers. Oder, und das vermute ich: Er wird Unternehmer.

Wie der Zentralverband des Deutschen Handwerks schrieb, werden in den nächsten fünf bis sechs Jahren geschätzt 200.000 Firmen deutschlandweit zur Übergabe anstehen – die Zahl steht für ein Fünftel aller Handwerksbetriebe hierzulande. Alleine in Bayern stehen nach Angaben der dortigen Handwerkskammern 23.000 Betriebe in den nächsten Jahren vor dem Generationswechsel.

»Bei 5000 davon drängt es sehr«, sagt ein Sprecher der Kammer. Er verweist auf das fortgeschrittene Alter der Inhaber in mehreren Gewerken: Bei Installateuren oder Heizungsbauern sind die Chefs im Schnitt 50 Jahre alt, bei den Metallbauern sogar 53.

Beispiel Düsseldorf: Die dortige Handwerkskammer geht davon aus, dass allein im bevölkerungsreichsten Bundesland Nordrhein-Westfalen bei etwa 30.000 Betrieben der Wechsel in der Führungsetage aus Altersgründen ansteht. Das entspricht einem Anteil von rund 20 Prozent. Bei Bäckern, Konditoren und Fleischern sind es mehr als ein Drittel.

In Sachsen, wo die Handwerker-Dichte laut dem Wirtschaftsministerium so hoch ist wie in keinem anderen Bundesland, sprechen die Kammern von einer regelrechten »Welle«. Allein im Bereich der Handwerkskammer Leipzig ist beinahe jeder fünfte Betriebsinhaber älter als 60 Jahre. In Ostsachsen ist laut der Handwerkskammer Dresden jeder dritte Solo-Selbstständige 56 Jahre oder älter.

Die Eintrittshürde ist ganz gering. Es gibt also Optionen ohne Ende. Ich finde, es gibt kaum einen besseren Plan, um etwas Kluges auf die Beine zu stellen. Es ist einfach nur clever, sich in einem Feld zu positionieren, in dem es kaum Konkurrenz gibt. Du musst nur aufhören zu glauben, du wärst was Besseres, weil du Deutscher oder Österreicher oder Schweizer bist oder Abi hast. Dann siehst du diese Optionen auch.

15
Wir brauchen Vorbilder statt Neidobjekte

Darf ich mit Ihnen mal einen Test machen? Gut.

Also: Ich fahre ein Auto für 192.000 Euro. Ich habe einen Chauffeur. Ich lasse auf meinem Grundstück einen Beachvolleyballplatz bauen. Ich habe meine eigene Gin-Marke ins Leben gerufen, und die ist erfolgreich auf dem Markt.

Was denken Sie jetzt? »Angeber«? Oder: »Na und«? Oder: »Schön für dich«? Oder: »Das hast du dir verdient«? Auf die erste intuitive Antwort kommt es an, ob Sie ein Neidhammel sind oder zum Vorbild taugen.

Neidhammel taugen nicht zum Vorbild. Einverstanden?

Und ich verrate Ihnen, was ich vermute. Die überwiegende Mehrheit blökt: »Angeber! Angeber!« Wie in der Grundschule, wenn einer im Sport schneller war, in Mathe die Hausaufgaben richtig hatte und im Unterschied zu uns ein Musikinstrument spielen konnte.

Es ist übrigens immer eine Frage der Liga. Auf einem bestimmten Niveau sind die Leute neidisch, weil jemand Porsche fährt. Auf einem anderen Niveau, weil jemand Mercedes fährt. Auf einem anderen Niveau, weil jemand überhaupt ein Auto hat. Merken Sie, wie diese Psychodynamik funktioniert? Manche Leute gelten als Angeber, weil sie endlich wieder einen Job haben. Die alten »Freunde« spotten: »Du hältst dich wohl für was Besseres!« Es kommt einfach darauf an, mit wem Sie sich so umgeben. In welcher Liga Sie sich herumtreiben. Fast überall begegnen Ihnen Neid und Missgunst.

Zugleich schaffe ich übrigens an jeder Stelle Arbeitsplätze: für meinen Chauffeur zum Beispiel. Bin ich jetzt gut, weil ich jemandem helfe, seine Familie zu ernähren? Oder bin ich ein böser Kapitalist, weil ich einen Chauffeur habe?

Auch den Beachvolleyballplatz muss jemand bauen. Der braucht Pflege. Alles Arbeitsplätze! An dem Gin-Projekt hängen ebenfalls ein Haufen Jobs. Bin ich jetzt gut? Oder böse? Wie sehen das die Dodos, in deren Weltbild alle Menschen gleich sein sollen und Vermögensunterschiede sofort glattgebügelt gehören? Wie wäre so eine Welt ohne Jobs?

Ich finde diesen ganzen Neid schlicht dissozial, ätzend, negativistisch. Woher kommt diese allgemein verbreitete Verschämtheit im Umgang mit Erfolg, Geld und Vermögen? Wenn wir nicht mehr zeigen dürfen, was wir erreicht haben, wenn wir nicht stolz sein dürfen, dann ist das für mich ebenfalls ein deutliches Symptom für das Verrotten unserer Leistungskultur.

Und genau da könnten wir ansetzen: Wenn erfolgreiche Menschen sich endlich zeigen und die Früchte ihrer Arbeit nicht mehr verstecken, dann wäre das ein Anfang. Manche Leute parken den Porsche aus Scham um die Ecke, um sich ihren berechtigten Stolz nicht mit Neid und Missgunst vergiften zu lassen. Schluss damit! Zeigen wir, was wir erreicht haben! Dann wären wir schon halb auf dem Weg zu einer neuen Leistungskultur. Das wäre wahrhaft vorbildlich.

Standhaft gegen Neid und Missgunst

Speziell die Unternehmer sollten sich zeigen, die Vermögenden. Also diejenigen, die das Kapital haben, um etwas zu unternehmen. Wenn unsere Gesellschaft in Richtung einer neuen Leistungskultur geht, dann kommt von ihnen der Impuls.

Derzeit sind sie vor allem Objekte der erwähnten Missgunst. Die meisten Leute gönnen ihnen den Reichtum nicht und wollen gern, dass der Staat ihn ihnen wegnimmt. Doch statt dem Neid ins Gesicht zu sehen und standhaft zu bleiben, krümmen sich die Vermögenden defensiv weg: Sie verstecken sich hinter blickdichten Mauern und Hecken, halten den Ball flach, ducken sich und meiden die Öffentlichkeit – bis auf ein paar ganz wenige Ausnahmen. Sie konzentrieren sich lieber darauf, möglichst viel Geld vor dem gierigen Staat in Sicherheit zu bringen und möglichst nichts davon zu zeigen. Das alles ist eigentlich ein reichlich unwürdiges Spiel.

So können diese Leute keine Vorbilder werden, an denen sich viele Menschen orientieren könnten. Da bleiben dann nur noch irgendwelche Stars und Sternchen und Influencer und Sportler.

Ich bin mal dem Inhaber eines großen mittelständischen Unternehmens begegnet. Ich würde gerne den Namen nennen, weil er eigentlich Bekanntheit und Würdigung verdient hat – aber ich glaube, er will das nicht. Dieser Mann hat schon als Junge in dem kurz nach dem Krieg von seinem Vater gegründeten Familienunternehmen mitgearbeitet, hat es dann übernommen und steht seit Jahrzehnten an dessen Spitze. Seitdem hat er das Unternehmen enorm ausgebaut und zum Weltmarktführer in seiner Branche gemacht. Er gibt mehreren Tausend Mitarbeitern einen Arbeitsplatz, engagiert sich vor allem in der betrieblichen Berufsausbildung und wendet modernste Führungsprinzipien an. Ein blitzsauberes Unternehmen, eine fantastische unternehmerische Leistung und ein überragendes Lebenswerk. Völlig zu Recht erhielt er die höchsten Preise und Ehrungen, die es in Deutschland zu vergeben gibt. Ich ziehe vor dem Mann meinen Hut!

Er erzählte mir damals beeindruckende Geschichten, beispielsweise schickte er auf seine Kosten Vorleser in die Kindergärten in seiner Region. Er wollte, dass die Kinder früh gutes Deutsch lernen, das war ihm ein persönliches Anliegen. Also mich hat der Mann schwer beeindruckt. Jahre später habe ich ihn dann mal mit einigen Unternehmerkollegen in seiner Heimat besucht.

Irgendwie kamen wir da auf Autos. Bei dem Thema wurde er richtig lebendig. Er fragte in die Runde, wer denn noch Benzin im Blut habe. Ich war einer von denen, die da nicht Nein sagen konnten. Da wollte er uns spontan was zeigen. Wir folgten ihm.

Wir gingen mit ihm zu einer Tiefgarage. Und als dort drinnen das Licht anging, ist mir die Luft weggeblieben. Ich habe noch nie in meinem Leben einen solchen Fuhrpark gesehen. Eine Millionengarage. Etwa 30 Autos, alle mit Oldtimer-Kennzeichen (»H-Nummer«) zugelassen und fahrbereit. Viele Mercedes, auch einige Rolls-Royce, ein paar Porsche. Ich kam aus dem Staunen kaum raus. Und ich freute mich so sehr mit ihm, denn ich konnte ihm ansehen, wie stolz er auf seine Sammlung war. Ich fand das einfach nur schön, als er uns die einzelnen Modelle erklärte, mit Baujahr, PS und Anekdötchen.

Er hatte extra einen Mitarbeiter angestellt, der sich nur um die Autos kümmerte. Zum Fahren kommt er zu wenig, erzählte er, weil er noch so viel arbeitet, aber er hat trotzdem viel Freude daran.

Ich fand diese Privatführung fantastisch. Aber dann wurde mir klar: Dass er seine Autos jemandem zeigt, das ist eine absolute Ausnahme. Kaum jemand weiß davon. In der Öffentlichkeit kommt der Mann einfach nicht vor. Er zeigt öffentlich nicht, was er geleistet hat und worauf er stolz ist.

Mir hat er noch erzählt, dass er mal von der FDP gefragt worden ist, ob er nicht in die Politik gehen und für sie antreten will. Aber er sagte nur: »Was soll ich denn da, da hat doch keiner das Unternehmer-Gen.«

Er ist ein super Typ, aber in unserer Gesellschaft völlig unbekannt. Und darum ist er auch für unsere Gesellschaft kein Vorbild, obwohl Leute wie er unsere Vorbilder sein sollten. Schade.

Ein anderer Vorbildunternehmer ist für mich Hans Thomann (* 1962), und den nenne ich hier bewusst namentlich. Der Mann hat 1990 das Musikgeschäft von seinem Vater übernommen und es bis heute zum größten Musikalienhändler der Welt ausgebaut. Thomann mit 1,25 Milliarden Euro Umsatz im Jahr 2021 hat rund 1500 Mitarbeiter und etwa 15 Millionen Kunden auf der ganzen Welt. Und das alles in Treppendorf (Markt Burgebrach) bei Bamberg, einem abgelegenen Weiler mit 204 Einwohnern (Stand 31. Dezember 2020), wo du nicht tot überm Zaun hängen willst.

Auch den habe ich mit ein paar Kollegen besucht. »Wollt ihr euch mal alles ansehen?«, fragte er uns. Ja, natürlich! Hans Thomann platzte fast vor Stolz. Er führte uns durch sein gigantisches Musikhaus und erzählte: Wenn du bei Amazon eine Gitarre bestellst, eine Gitarrenhülle und ein Plektrum (also ein Pick, dieses kleine Plastikdreieck mit abgerundeten Ecken zum Anschlagen von Saiten), dann bekommst du aus drei verschiedenen Hallen aus drei verschiedenen Regalen drei verschiedene Pakete gepackt und zugeschickt. Er baut das hier in seinem riesigen Lager und Logistikzentrum so auf, dass der Kunde das alles automatisiert in einem Paket bekommt: Gitarre, Hülle und Plektrum.

Da sehen wir den ersten Mitarbeiter: »Hallo, Oli, wie geht's deiner lieben Frau Kathrin?«

Ein Stück weiter: »Ah, grüß dich, Magdalena. Ist dein Mann denn wieder zurück?«

Stück weiter: »Hey, Günther. Lass uns mal hier rumstöbern.«

Zuerst dachte ich, das wäre Zufall, aber Hans Thomann kennt seine Leute alle. Jeden Einzelnen, den wir trafen, sprach er mit Namen an. Ich habe keine Ahnung, wie er das macht und ob er womöglich wirklich alle kennt.

Dann kamen wir in die Trompetenabteilung. Da saßen zwei polnische Musiker, die Hans Thomann uns sogleich vorstellte. Er erklärte: »Die bauen die Trompeten auseinander, prüfen jedes Teil, bauen sie wieder zusammen und prüfen sie.« Ich fragte ihn: »Aber die da, die blaue da, das ist doch eine Spielzeugtrompete, oder?« Er: »Ja, das ist eine Taschentrompete.« – »Was kostet die?« – »130 Euro.« – »Und die baut ihr auch auseinander und prüft die?« – »Ja, selbstverständlich!« – »Aber dann verdienst du doch kein Geld damit!« – »Ist mir egal«, sagte er. »Die müssen richtig funktionieren.«

Dann zeigte er uns das Film- und Fotostudio. Die Produktfotos von den Herstellern verwendet er nicht, er fotografiert jedes einzelne Instrument für seinen Katalog und seinen Webshop selber neu.

Ich hake da noch mal nach, und er erzählt: »Ja, manchmal wird im Dezember eine Nebelmaschine bestellt, und die kommt dann nach Silvester zurück. Mir ist klar, was da läuft. Ja mei, aber das passiert halt mal. Hauptsache, es passt unterm Strich.« Ich nehme ihm das ab.

In der E-Gitarren-Abteilung sitzt ein Typ mit Mütze und spielt Gitarre, ein Bluesmusiker, er ist mit seiner Frau da, um eine Gitarre zu kaufen. Der Boss spricht ihn an: »Guten Tag, werden Sie denn schon bedient? Ist denn der Richard gerade nicht da? Kann ich Ihnen denn weiterhelfen? Ich bin Hans Thomann.«

Der Mann starrt ihn an und bekommt glänzende Augen. »Dass ich Sie mal kennenlernen darf! Ich komme so gerne hierher, Sie sind das beste Musikhaus der Welt!«

Ohne jeden Kitsch, das habe ich genau so erlebt. So was von Herzblut, so was von Wertschätzung gegenüber den Mitarbeitern, so was von Kundenorientierung. Ich war schwer beeindruckt.

Ja, ich weiß, ein paar Anwohner fühlen sich gestört durch den vielen Verkehr, den das Musikhaus anzieht. Nicht gestört fühlen sie sich von der Gewerbesteuer, die das Musikhaus anzieht. Und ja: Da war 2021 die Kartellgeschichte.[58] Aber wie auch immer: Ich will aus Hans Thomann keinen Heiligen machen. Ich habe ihn persönlich als extrem bodenständigen, bescheidenen, netten Typen kennengelernt.

Und immerhin war er mal in einer Ausgabe des Wirtschaftsmagazins *Brandeins* Titelstory. Wenigstens nehmen ihn also Wirtschaftskreise ein wenig wahr. Aber außerhalb davon kennt ihn kaum einer. Ich finde halt: Leidenschaftliche Unternehmer wie er gehören in die Talkshows – nicht nur die immer gleichen Parteigranden und Wohnzimmerphilosophen.

Applaus für die wenigen Stimmen

Ich meine solche Typen wie den erwähnten Wolfgang Grupp. Der Chef von Trigema aus Burladingen auf der Schwäbischen Alb ist laut und stark. Gut so! Der alte Recke traut sich was und ist tatsächlich ab und zu in der Öffentlichkeit zu sehen. Er tritt in Talkshows auf und hält Vorträge. Unverdrossen hält er für die Wirtschaft die Fahne hoch, insbesondere für den Mittelstand.

Wenn Wolfgang Grupp auftritt, spendet er sein Honorar komplett seiner Stiftung. Er hat einen Butler und zeigt das auch. Was soll auch dagegensprechen, wenn jemand Arbeitsplätze schafft? Und er sieht immer aus wie aus dem Ei gepellt. Cool!

In der Porsche-Arena in Stuttgart hatten wir bei einer Veranstaltung beide einen Vortrag, danach war Party, und wir saßen zwei Stunden zusammen. Es war faszinierend, ihm zuzuhören. Der Mann geht wirklich konsequent seinen Weg. Nicht nur, dass er ausschließlich in Deutschland produziert, noch nie Kurzarbeit gefahren und noch niemandem betriebsbedingt gekündigt hat. Er versucht die Probleme zu lösen, solange sie noch klein sind!

So wie damals, als sein größter Handelskunde (36 Millionen Euro Jahresumsatz) plötzlich nicht mehr die Produkte mit dem Trigema-Etikett, sondern mit dem eigenen Etikett wollte. Grupp hätte dies problemlos gemacht, aber der Kunde wollte dann auch noch den halben Preis, und dies war für Grupp verständlicherweise nicht möglich. Er musste Nein sagen und verlor somit diesen Kunden.

Also musste er sich etwas anderes überlegen.

Seine Lösung: Er eröffnete kurzerhand seine eigenen Ladengeschäfte, von denen es heute 42 gibt und in denen Grupp etwa die Hälfte seiner Produktion verkauft. Dies erfolgte nach dem Motto: »Wenn ich einen Koch habe und dieser es ablehnt zu kochen, dann gibt es nur eine Möglichkeit. Entweder sterben oder selber kochen!«

Applaus für Wolfgang Grupp. Aber warum sind Leute wie er so selten?

Mario Ohoven (1946–2020) war auch so einer. Als Präsident des Bundesverbandes mittelständische Wirtschaft (BVMW) traute er sich, öffentlich an der Regierung Kritik zu üben. Er forderte die Senkung der Mehrwertsteuer, er kritisierte die »kalte Progression«[59], er opponierte gegen die Rentenpflicht für GmbH-Geschäftsführer, er protestierte lautstark gegen die Lockdowns. Und das alles unermüdlich, im hämischen Gegenwind der neidzerfressenen Gesellschaft, in der die wenigsten jemals Ähnliches auf die Beine stellen wie er. Leider verunglückte Ohoven im Oktober 2020 bei einem Verkehrsunfall tödlich.

Abgesehen von diesen wenigen Ausnahmen lässt sich kaum einmal ein Unternehmer in der Öffentlichkeit blicken. Und darum kursieren auch Vorurteile, Neid, Häme bis hin zu Hass gegen Unternehmer weitgehend ungestört, einfach mangels Präsenz und mangels positivem Beispiel.

Ich habe den Eindruck, dass die potenziellen Vorbilder selbst Vorbilder brauchen – jeder Leistungsträger, der vorangeht, zählt.

CR7 zeigt's allen

Und die müssen gar nicht laut sein, um zu wirken. Aber sie sollen sich zeigen, bitte. Einer, der vormacht, wie es geht, und von dem Sie sich gerne eine Scheibe abschneiden dürfen, ist Cristiano Ronaldo (* 1985). Er ist das Vorbild aller Vorbilder.

Ha! Ich höre schon wieder die Neider. Doch, den nehme ich jetzt absichtlich, denn er ist der größte Influencer der Welt. Das heißt, niemand hat so viele Fans und Follower auf den Social Media wie er. Mit Abstand. Das ist nun mal Fakt. Und das hat seinen Grund.

Der Grund ist nicht, dass er so gut Fußball spielt. Ja, das tut er. Aber andere wie Lionel Messi (* 1987) oder Zlatan Ibrahimović (* 1981) oder Kylian Mbappé (* 1998) oder Neymar (* 1992) oder Erling Haaland (* 2000) tun das auch. Und dennoch: In der öffentlichen Wirkung hängt Ronaldo alle locker ab.

Als er zu Manchester United zurück wechselte, wo seine Karriere einst begann, hatte der Verein innerhalb von zwölf Stunden Trikots mit der Rückennummer 7 und mit seinem Namen im Wert von 38 Millionen Pfund verkauft.

Warum? Weil er jede Menge Tugenden vorlebt. Tugenden! In Interviews ist er leise und freundlich und fair. Er ist ein Familienmensch und liebevoller Papa, seine Familie geht ihm über alles. Er vergisst seine Eltern und Geschwister nicht und sorgt für sie, nimmt sich Zeit für sie. Seine Mama nimmt er überall hin mit. Er hat ein Herz für seine Freunde, pflegt seine alten Freundschaften, egal wie berühmt er zwischenzeitlich geworden ist.

Außerdem ist er fleißig. Extrem fleißig. Viele Profis, die mit ihm in einer Mannschaft gespielt haben, berichten immer wieder davon, wie professionell und wie trainingsfleißig er ist. Es ist nahezu unmöglich, mehr zu trainieren als er. Er ist bei jedem Training der erste und der letzte auf dem Platz. Bei sich zu Hause hat er ein komplettes Fitnessstudio eingerichtet, und da trainiert er auch außerhalb der Mannschaftstrainings und pflegt jede Faser seines Körpers. Das ist mit Sicherheit auch der Grund, warum er fast nie verletzt ist und warum er auch mit 37 Jahren noch topfit ist, was heute Fußballprofis nur noch selten schaffen.

Cristiano Ronaldo liefert und liefert zuverlässig. Egal, bei welchem Verein er gespielt hat, er wurde Torschützenkönig und gewann Titel: Zuverlässigkeit. Siegeswille. Was aber seine Neider am meisten aufregt: Er zeigt nach einem spektakulären oder wichtigen Tor gerne auch mal seinen äußerst wohlgeformten Oberkörper, indem er sein Trikot auszieht. Da drehen vor allem manche Männer beinahe durch. Ich könnte mich totlachen darüber. Leute, wenn's so schlimm ist, dann schafft euch halt ein paar Hanteln an und trinkt ein paar Bier pro Woche weniger!

Bundesliga-Kulttrainer Christian Streich (* 1965) sagte dazu: »Warum soll der Ronaldo seinen Körper nit zeige? Er hat sich die schöne Muskle ja au antrainiert. Der trainiert doch jede Tag. Dann kann er se doch au zeige!«[60]

So sehe ich das auch! Und seine spektakuläre Autosammlung zeigt er auch. Mir gefällt, dass Cristiano Ronaldo trotz aller Anfeindungen, trotz Neid und Häme nicht aufhört, öffentlich stolz zu sein auf das, was er erreicht hat.

Geld verstärkt den Charakter

Viel Geld zu haben, ist nichts Schlechtes. Geld verdirbt nicht den Charakter, wie viele glauben, sondern Geld verstärkt den Charakter. Ein reiches Arschloch ist immer noch dasselbe Arschloch, nur schlimmer als vorher. Und ein bescheidener Mensch, der reich wird, bleibt immer noch ein bescheidener Mensch.

Geld ermöglicht viel. Wir müssen wieder lernen, dass es in Ordnung ist, Geld zu haben, dazu zu stehen und die vielen Möglichkeiten, die es ermöglicht, gut zu nutzen.

Cristiano Ronaldo ist steinreich. Dennoch steht er für Fleiß, Disziplin, Familiensinn, Ehrlichkeit, Verantwortung, Verlässlichkeit, Siegeswille. Er spendet viel Geld für wohltätige Zwecke. Und wenn ein Fan ein Selfie mit ihm will oder ein Trikot signiert haben will, dann gibt es kaum einen, der freundlicher ist und sich mehr Zeit für seine Fans nimmt als er.

Als erfolgreicher Sportler oder Schauspieler oder Popstar oder Politiker oder eben Unternehmer hast du eine Verantwortung der Gesellschaft gegenüber, die dir deinen Erfolg ermöglicht hat. Um diese Verantwortung wahrzunehmen, dazu gehört meines Erachtens auch, sich zu zeigen. Die wenigen, die hier im Land den Laden am Laufen halten, sollten Tugenden vorleben, sich einmischen und ihre Stimme hörbar werden lassen. Und sie sollten ihren Einfluss dafür einsetzen, dass Leistung wieder zählt. Und wenn ihr nicht wisst, was es heißt, ein Vorbild zu sein, dann nehmt euch selbst ein Vorbild. Cristiano Ronaldo wäre mein Vorschlag.

16

Wir brauchen weniger Staat

Ein weiterer wichtiger Weg, um unsere Gesellschaft zu retten: Wir müssen wieder Nein sagen.

Nein sagen zu Rassismus, nein zur Diskriminierung von Frauen, nein zum Klimawandel, nein zur Armut in der Welt und so weiter – vielleicht denken Sie jetzt, dass ich das meine. Nein, das meine ich nicht. Dass wir dazu Nein sagen sollen, dafür treten schon viele andere ein, eine unüberschaubare Zahl äußerst engagierter Aktivisten. Nein, ich meine etwas anderes.

Ja, selbstverständlich bin ich auch gegen Rassismus und Diskriminierung, auch ich will die natürlichen Lebensgrundlagen schützen, auch ich will keine Armut in der Welt. Ich finde, es ist ziemlich billig, hier Nein zu sagen und »Zeichen zu setzen«. Für Selbstverständlichkeiten einzutreten, nur um der ganzen Welt zu signalisieren, was für ein guter Mensch du bist, das ist nicht schwierig. Das kann jeder.

Ich kenne niemanden, der für Rassismus und Diskriminierung ist. Aber es gibt Tausende von Menschen, die gegen Leistung sind und dafür, durch »Umverteilung« den Trägern der Gesellschaft ihre Erfolge abzusprechen.

Ich meine Nein zu sagen, obwohl es nicht konform ist! Und keine Angst zu haben, dabei anzuecken! Das ist es, was wir wieder brauchen. Der Mehrheit entgegenhalten, dass sie Nachhilfe in Ökonomie braucht, weil sonst die Gesellschaft kollabiert. Das Schulsystem und damit den ganzen öffentlichen Dienst kritisieren, weil er die Notwendigkeit der Wertschöpfung ignoriert. Unpopuläre Meinungen standhaft vertreten. Den selbst ernannten Moralisten widersprechen, die Geld und Erfolg für eine Ausgeburt des Bösen halten und die damit sämtliche Wertschöpfer diskreditieren wollen, um sich selbst aufzuwerten, obwohl dabei das Land den Bach runtergeht. Ihnen vorhalten, dass ihre angebliche Moral heuchlerisch und damit unmoralisch ist. Ihnen aufs Brot schmieren, dass in Wahrheit sie die Unsolidarischen sind. Das Richtige, das Notwendige, das Unangenehme das kurzfristig Schmerzhafte sagen und tun, damit es langfristig wieder für alle besser wird.

Es ist eben auch falsch zu behaupten, dass Geld unmoralisch sei. Wer anderen dabei hilft, ihre Probleme zu lösen, verdient wie erwähnt automatisch Geld. Und anderen zu helfen, ist definitiv nicht moralisch verwerflich. Geld ist nicht gut oder schlecht. Nehmen Sie Sina Trinkwalder (* 1978), die als Sozialunternehmerin bekannt geworden ist und das Unternehmen »Manomama« gegründet hat. Ist es unmoralisch, wenn jemand menschenfreundlich und aus regionalen Ressourcen hergestellte Textilien verkauft und damit reich wird? Nein! Warum auch?

Ich will das alles nicht!

Ich rufe dabei übrigens niemanden auf, mit mir einer Meinung zu sein. Sie können selbst überlegen, wozu Sie Nein sagen und wozu Sie Ja sagen. Sie können auch gern Nein zu mir sagen oder Nein zu Marktwirtschaft und Unternehmertum. Dies ist ein freies Land.

Ich kann Ihnen nur sagen, wozu ich heute Nein sage.

Ich sage des Weiteren Nein zu horrenden Abfindungssummen in der Wirtschaft. Nein zu Pensionen, Fahrern, Sekretärinnen für ehemalige politische Amtsträger. Das wäre alles gerechtfertigt, wenn diese Ex-Politiker etwas leisten würden, aber nur als Prämie – nein. Nein zu einem Rentensystem, das nicht nachhaltig ist. Nein zu einem Gesundheitssystem, das bei schlechter werdenden Leistungen demnächst unbezahlbar wird. Nein zur Zentralplanungswirtschaft in immer mehr Wirtschaftszweigen.

Nein zu einem völlig überforderten und ineffizienten Schulsystem. Die Schulen werden in ihren Methoden und Inhalten niemals besser oder zeitgemäßer werden, wenn sie Behörden bleiben. Wir brauchen viel mehr Freiheit und Markt an den Schulen, damit wir auch wieder Innovation in die Bildung bekommen. Innovation lässt sich nicht verordnen, das weiß jeder Unternehmer. Wir brauchen eine freie Schulwahl für Eltern, damit sie mit den Füßen abstimmen können, wenn eine Schule schlecht geführt ist. Lehrer müssen kündbar sein, wenn sie ihre Leistung nicht bringen oder keinen Bock auf Kinder haben. Verbeamtete Lehrer? Nein!

Nein zu den riesigen Ausnahmen bei den Steuern und Abgaben: Amazon, Google & Co. machen Milliardengeschäfte in unserer Gesellschaft, zahlen aber nicht Steuern, wie ich sie bezahlen muss.

Nein zur Überregulierung in allen Lebensbereichen. Nein zur lähmenden Übervorsicht. Nein zu noch mehr Arbeitsschutzbestimmungen. Es reicht längst! Nein zu überzogenen Bauvorschriften, die das Bauen viel zu teuer machen und zu hohe Mietpreise nach sich ziehen. Nein zu endlosen Genehmigungsverfahren und Bürokratie. Nein zur Unfähigkeit von Behörden und Staatsbetrieben, in angemessener Zeit einen Flughafen oder einen Bahnhof zu bauen.

Genauso sage ich Nein zu Quoten: Der Fähigste soll den Posten bekommen, völlig unabhängig vom Geschlecht. Und wenn die Wahl dann im einen Beruf überwiegend auf Männer fällt und im anderen Beruf überwiegend auf Frauen fällt, dann ist das halt so.

Politiker generell brauchen viel mehr Neins. Ich sage Nein zu 735 Abgeordneten im Deutschen Bundestag. Ein Viertel davon genügt. Unter Menschen, die so viel Macht haben, gibt es außerdem immer Menschen, die diese Macht missbrauchen. Ich will darum, dass Politiker weniger dürfen und weniger Geld zur Verfügung bekommen. Ich sage Nein zur Machtfülle von Politikern und wünsche mir, dass Kontrollinstanzen schneller und besser funktionieren. Der Bundesrechnungshof watscht die öffentliche Hand ja immer mal gerne ab – wenn es zu spät ist. Klar: Auch der Bundesrechnungshof ist eben öffentlicher Dienst.

Ich sage außerdem Nein zu grassierender Inkompetenz in der Politik: Olaf Scholz war Erster Bürgermeister von Hamburg, als seine Finanzbehörde 2016 aus unklaren Motiven auf die Rückzahlung von fast 50 Millionen Euro der Warburg-Bank aus illegalen Geschäften verzichtete. Er war Erster Bürgermeister, als 2017 die Kontrolle über die Randalierer beim G-20-Gipfel verloren ging und Linksradikale ganze Stadtteile von Hamburg in Schutt und Asche legten. Er war Bundesfinanzminister und Dienstherr der Bundesanstalt für Finanzdienstleistungsaufsicht (BaFin), als 2019 beim börsennotierten Unternehmen Wirecard der größte Bilanzbetrug in der Geschichte aufflog. Er war Bundesfinanzminister, als Deutschland Weltmeister bei Steuern und Abgaben wurde und sich so hoch verschuldete wie noch nie. Jetzt ist er Kanzler.

Nein zu Lügnern in der Politik: Der Bundesfamilienministerin Franziska Giffey von der SPD wurde 2021 der Doktorgrad entzogen, weil sie des Plagiats überführt worden war, ihre Doktorarbeit war weitgehend abgekupfert. Dann wurde bekannt, dass sie auch schon bei ihrer Masterarbeit abgeschrieben hatte. Giffey musste wegen ihrer Plagiatsaffäre zurücktreten und trat sofort wieder als Spitzenkandidatin der SPD bei der Berliner Abgeordnetenhauswahl an. Und gewann. Jetzt ist sie Regierende Bürgermeisterin von Berlin. Das kapiere ich nicht.

Da wird aus einer Sozialministerin eine Familienministerin, dann eine Arbeitsministerin, dann eine Verteidigungsministerin und dann eine EU-Kommissionspräsidentin? Die machen aus einem Staatssekretär im Innenministerium einen Umweltminister, dann einen Kanzleramtsminister, dann einen Finanzminister, dann einen Chefkoordinator der Flüchtlingskrise, dann einen Wirtschaftsminister?

Schade, dass der Gedanke einer Expertenregierung nur so selten aufpoppt. Warum müssen Regierungsmitglieder immer Parteifreunde sein? Dass es in Koalitionsverhandlungen darum geht, welche Partei welches Ministerium besetzen darf, verstehe ich ja noch. Aber warum landen da am Ende nicht Leute, die von Landwirtschaft oder Verteidigung wirklich etwas verstehen? Eine Partei könnte doch auch Fachleute entsenden. Warum tun sie es nicht? Weil sie auf die Kohle scharf sind und in so einem Ministerium jede Menge Kumpels unterbringen können.

Warum lassen wir uns das gefallen? Ich will das nicht. Ich will, dass Kompetenz zählt. Und niemand kann alles. Gute Unternehmer konzentrieren sich auf ein Kerngeschäft und bleiben dabei. Alle seriösen Fachleute machen das so.

Am 27. Mai 2019 sprach der österreichische Nationalrat (das sind die Parlamentsabgeordneten auf Bundesebene) der Bundesregierung unter Sebastian Kurz (* 1986) das Misstrauen aus. Am 30. Mai beauftragte Bundespräsident Alexander Van der Bellen (* 1944) die Präsidentin des Verfassungsgerichtshofes, Brigitte Bierlein (* 1949), mit der Regierungsbildung. Und die Frau setzte Experten ein. Das Sinnvollste, was man tun kann!

Nein zur Gängelei!

Dann: Nein zu der ständigen Verbieterei und Gängelei. Wir haben bereits viel zu viele Gesetze und Verordnungen. Der Staat soll sich wieder aus unserem Alltagsleben zurückziehen. Nein zu noch mehr Rechtsnormen.

Nein zu Verschwendung. In Berlin entsteht gerade eine Erweiterung des Kanzleramts für 600 Millionen Euro.[61] Die verschleudern dabei Steuergelder in Höhe von 11.400 Euro pro Quadratmeter! Eingebaut werden neun fünfgeschossige Wintergärten, die alleine 14 Millionen Euro kosten, und ein Hubschrauberlandeplatz für 10 Millionen Euro. Dazu eine pfeilerlose Brücke über die Spree für 18 Millionen Euro. Die neue Kanzlerwohnung soll 250 Quadratmeter groß sein und für 225.000 Euro eingerichtet werden. Das kann doch nicht sein! Was soll das? Die benehmen sich ja wie Fürsten! Einfach nein!

Und ich sage Nein zur um sich greifenden Wettbewerbsverzerrung. Nur weil der Staat keine Pleiten will, setzt er die Insolvenzantragspflicht aus, erklärt bestimmte Unternehmen für systemrelevant und verhindert mit Stützen und Rettungsaktionen auf Kosten der Steuerzahler, dass sie pleitegehen. Frechheit!

Wer in einer Marktwirtschaft pleite ist, muss eben auch verschwinden, damit der Platz frei wird für bessere Unternehmen. So ist nun mal das unternehmerische Risiko, das weiß jeder von Anfang an. Wenn der Staat ein Unternehmen stützt, zum Beispiel mit Coronahilfen, steht eigentlich jedem anderen Unternehmen der prozentual gleiche Zuschuss zu – das wäre dann eine Art bedingungsloses Grundeinkommen für Unternehmen. Ja, ohne die Coronahilfen wären Hotellerie und Gastronomie jetzt weg. Aber wenn es nicht um so eine Krise geht, wird am besten niemand gestützt. Dann muss die Bank oder die Fluglinie oder die Stahlhütte, die sich verhoben haben oder nicht mehr zeitgemäß sind, eben genauso weg vom Fenster, wie das mir auch passieren könnte.

Böse? Dann ein kleiner Ausflug zu Joseph Alois Schumpeter (1883–1950). Dieser österreichische Ökonom war genial. »Kreative Zerstörung« nannte er es, wenn infolge von Fortschritt Geschäftsmodelle und Arbeitsplätze flöten gehen und der Unternehmergeist zu neuen Ideen führt. Es ist eben Quatsch, zu heulen, wenn die Fotolaboranten ihre Jobs verlieren, denn sie können sich der Entwicklung öffnen und einen der neu entstandenen Berufe in der Digitaltechnik ergreifen. Als die Eisenbahn und das Automobil erfunden wurden, haben die Hersteller von Pferdedroschken geflucht! War es schlimm? Nein. Jede Menge neue Jobs sind entstanden.

Ich sage Nein zu den vielen Tausend Förderungen und Steuerungen und Subventionen und Zuschüssen und Prämien. Senkt lieber stattdessen die Steuern für alle. Nein zum Zwang, sich Elektroautos anzuschaffen. Nein zur einseitigen Bevorzugung bestimmter Technologien durch den Staat. Nein zum teuersten Strom der Welt und zu den viel zu hohen Energiekosten durch staatliche Eingriffe.

Nein zur Mietpreisbremse und zum Mindestlohn und zu allen anderen staatlichen Preiskontrollen. Mietpreisbremsen verknappen den Wohnraum und lassen ihn verrotten. Und ein immer weiter steigender Mindestlohn – im Gespräch sind ja schon 12 Euro – verteuert Produkte und Leistungen für die Bevölkerung, verdichtet die Arbeit immer weiter und schafft manche Arbeitsplätze und Leistungen gleich ganz ab. Nichts davon ist wünschenswert oder sozial.

Nein zu Arbeitskampf, Streik und Gewerkschaften. Wir sind doch nicht im Krieg! Und im 19. Jahrhundert sind wir auch nicht mehr. Wer über seinen Vertrag oder seine Arbeitsbedingungen reden will, kann einen Termin mit seinem Chef machen. Unternehmer sind keine Feinde.

Nein zu völlig überzogenen Steuern und Abgaben, die die Menschen aus dem Land jagen, die etwas leisten können und wollen.

Und schließlich: Nein zur Dodokratie. Nein zur Ja-Sager-Gesellschaft. Ich will die Stimme der unternehmerisch Denkenden in diesem Land wieder laut und deutlich hören!

Behörden sollten Partner sein, nicht Gegner

Und ich sage Nein zur Arroganz des Staates.

Als ich noch Jungunternehmer war, hatte mir mein Steuerberater einen heißen Tipp gegeben: »Geh ins Finanzamt und schau mit dem zuständigen Beamten deine Steuererklärung persönlich durch!«

Ich war nicht der einzige Unternehmer, der diesen Tipp kannte. Und so saß ich im Flur des Finanzamts Bad Homburg morgens mit ungefähr zehn anderen und wartete, dass ich drankam.

Kommen ein älterer und ein jüngerer Beamter gemessenen Schrittes den Flur entlang auf dem Weg zu ihren Büros. Sagt der eine zum anderen: »Du, stell dir vor, am Freitag war ich noch bis um Viertel nach drei hier, so viel war da los!«

Lautes Gelächter im Flur! Die beiden sind rot angelaufen …

Nein, ganz ehrlich, Finanzbeamte haben bei mir einen schweren Stand. Rein aus persönlicher Erfahrung. Ich erlebe es so, dass viele dieser Herrschaften ein schiefes Bild von Unternehmertum mit sich herumtragen. Die verwechseln das Unternehmertum mit organisierter Kriminalität. Anders kann ich mir nicht erklären, warum so viele Vertreter des Finanzamtes augenscheinlich davon ausgehen, dass jeder Unternehmer schon ganz grundsätzlich Steuern hinterziehen will. Man hält uns Unternehmer von vornherein für Verbrecher, die nur noch nicht überführt sind. Zugleich beziehen Finanzbeamte ihren Sold aus den Steuern, die unter anderem Leute wie ich erwirtschaften.

Auch mich hat das Finanzamt für einen Verbrecher gehalten, als ich nach Wesel gezogen bin.

Dort habe ich zum dritten Mal im Leben ein Haus entkernt und neu ausgebaut. Wer sich mit Häusern ein wenig auskennt, der weiß, dass ein Neubau immer billiger ist. Aber ich wollte eben eine arbeits- und lebensgerechte Aufteilung von Arbeitsräumen und Privaträumen und dabei den Charme des Altbaus erhalten. Es floss viel Geld bei Umbau und Umzug. Und kaum war der Bau fertig, kam prompt die Außenprüfung vom Finanzamt.

Also da kam nicht etwa ein Brief, in dem stand: »Wir freuen uns, dass Sie unser Einzugsgebiet verstärken und künftig hier Steuern zahlen. Vielen Dank und herzlich willkommen!« Sondern der Tenor war eher: »Na, wollen wir doch mal sehen, ob wir den Verbrecher nicht drankriegen!«

Die Dame setzte sich mit meinen Ordnern zwei Wochen in unser Büro und studierte alle Zahlen.

Dann hörte ich: Abschlussgespräch der Prüfung mit ihr und ihrem Chef und mir und meinem Steuerberater in unseren Räumen. Gut. Unangekündigt tauchte am Termin noch ein dritter Mensch vom finanzamtlichen Kontrollteam auf, der mir aber erst im Laufe des Gesprächs vorgestellt wurde.

Der Einstiegssatz des Chef-Kontrollettis: »Ich hatte heute Morgen beim Aufstehen überlegt, ob ich meine Pantoffeln mitbringe. Weil Sie wahrscheinlich goldene Böden haben.« So wirkt sie, die Gehirnwäsche der Missgunst. Ich erwiderte: »Nein, ich mag kein Gold, ich stehe auf Silber und Platin. Aber wie kommen Sie drauf?«

Die Stimmung war bereits am Gefrierpunkt angelangt. Das war eine glatte Unterstellung und zeigte genau, wie der Mensch über mich dachte. So eine Unverschämtheit. Ich wollte dann wissen, wer der dritte Mann war. Es stellte sich heraus: ein Baugutachter. Denn das war die Absicht des Besuchs: mich zu überführen, dass ich beim Bau getrickst hätte und Ausgaben für meinen privaten Luxus als geschäftsrelevant von der Steuer abgesetzt hätte.

Sie wollten dann alles sehen, ich habe sie herumgeführt und alles erklärt. Wo die 5 Kilometer Kabel verlegt sind, warum wir einen Serverraum haben, warum unsere Mitarbeiter eine Frischluftanlage brauchen, was all die baulichen Besonderheiten mit unserem Geschäft zu tun haben und so weiter.

Letztlich haben sie sich ergeben. Denn sie haben nichts gefunden. Weil da nichts zu finden war. Beim Verabschieden kam der Oberkontrollmann auf seinen Einstieg zurück. Er sagte, und das sollte wohl eine Art Entschuldigung sein: »Die meisten Unternehmer vergessen, beim Umbau ihre Privatbäder aus den Büchern rauszunehmen.«

»Die meisten Unternehmer«? Wirklich? So ist das also. Ein Unternehmer, der umbaut, ist automatisch ein Betrüger. Mit diesem Verdacht kommen deutsche Behörden erst mal ins Haus. Unschuldsvermutung? Vergiss es. De facto muss der Geprüfte seine Unschuld beweisen. Wir haben es hier mit einer Umkehr der Beweislast zu tun, die in einem Rechtsstaat niemals zulässig sein dürfte. Und damit sind wir genau beim Punkt: Behörden sollten den Leistungsträgern der Gesellschaft bitte wohlmeinend gegenübertreten und nicht von vornherein feindlich. Ob das möglich ist, solange die Mentalität des misstrauischen Neides die Köpfe beherrscht?

Tatsächlich ist die Bürokratie selber nicht leistungsfähig, aber sie agiert darüber hinaus auch noch leistungsfeindlich. Und das mit einer großen Arroganz, die sich aus der jeweiligen Machtposition ableitet. »Selbstgerecht« ist da noch die höflichste Bezeichnung.

Warum sind die Finanzämter nicht einfach Partner der Wirtschaft mit dem gemeinsamen Ziel, die Leistungen in der Gesellschaft für alle zu vermehren?

Diese Machtspielchen müssen wir so weit wie möglich rausbekommen aus der Gesellschaft. Auch aus der Wirtschaft!

Einer meiner Coachees ist eine gestandene Führungskraft bei einer Bank. Ein großer, strenger, kantiger und grundehrlicher Mann. Ich finde ihn als Chef hervorragend und glaube, dass aus ihm noch mal richtig was wird. Er stand kurz davor, in seiner Bank Vorstand zu werden. Der Vorstandsvorsitzende hatte ihn auf seinem Weg gefördert und versprochen, ihn zu unterstützen, wenn es um seinen Aufstieg in den Vorstand ging.

Dann löste er für die Bank ein Riesenproblem. Es ging um neue Provisionsregelungen im Vertrieb. Er versuchte dabei, das Leistungsprinzip stärker durchzusetzen, es gab Widerstand bei den Mitarbeitern, aber er moderierte das großartig. Der Vorstand war ausdrücklich äußerst zufrieden mit seinem Ergebnis.

Dann ging einer der Vorstände in Rente, und ein Platz wurde frei. Jetzt war ganz klar mein Mann dran. Er ging mit dem Vorstandsvorsitzenden essen und fragte nach. Der Boss schaute ihn an und sagte eiskalt: »Wie? Haben Sie es noch nicht gehört? Wir haben schon einen eingestellt. Der kommt im November.«

Er hatte ihn glatt übergangen. Hatte ihn fallen lassen. Hatte ihm gezeigt, wer der Mächtige ist. Hatte sich nicht etwa mit ihm den hauseigenen Höchstleister hochgezogen, der sich um den Laden verdient gemacht hatte, sondern einen von außen geholt, der bequemer ist, weil er keine Hausmacht hat.

So was darf einfach nicht passieren! Leider passiert es massenweise, ich könnte Ihnen Hunderte solcher Geschichten erzählen. Auch das ist ein Symptom einer verkommenen, runtergewirtschafteten, verrotteten Leistungskultur. Daran sehen Sie auch, dass Leistungskultur nichts Hartes oder Kaltes ist, sondern ganz im Gegenteil: Leistungskultur ist warm und herzlich und hat etwas mit Ehrlichkeit und mit Anerkennung zu tun. Sie ist fair und gerecht, jeder hat in ihr die gleiche Chance. Und jeder hat die Wahl, etwas zu leisten oder nicht.

Hart und kalt ist dagegen diese leistungsferne Machtkultur, die sich in unserer Gesellschaft breitgemacht hat: Vorne herum wird Moral gepredigt, und hinten herum zählen knallhart persönliche Interessen und Egospielchen. Der fieseste Typ setzt sich durch, der machhungrigste und skrupelloseste. Und der, der nach außen den Weltretter und Wohltäter spielt, während er sich im Stillen einen persönlichen Vorteil verschafft.

Mein Coachee ist natürlich für die Bank verloren. Und das nach zwanzig Jahren! Er hat sofort sein Netzwerk spielen lassen und mit Headhuntern gesprochen. Mit seiner Erfolgsbilanz bekommt er problemlos bei einem Wettbewerber einen guten Posten. Er wird mit Sicherheit irgendwo im Vorstand auftauchen.

17
Eine Utopie

Es ist Mitte des 21. Jahrhunderts. Die Menschen in Deutschland gestehen sich wieder zu, stolz auf ihre Errungenschaften zu sein. Deutschland steht wieder für etwas in der Welt. Für Ingenieurskunst zum Beispiel. So gut wie alle großen Entwicklungen im Maschinenbau und in der Robotik, im individuellen Flugverkehr, in der Weltraumarchitektur und bei Hightech-Wolkenkratzern kommen von hier.

Noch nie war das Siegel »Made in Germany« so wertvoll wie heute. Die besten Ingenieure und die besten Ingenieursausbilder leben und arbeiten in Deutschland – und zwar aus allen Nationen der Welt. Sie strömen hierher, weil sie sich hier verwirklichen können. Wegen der wertschätzenden Atmosphäre fühlen sich viele Menschen aus der ganzen Welt wohl in Deutschland. Hier geht es zum einen entspannt zu, freundlich und kultiviert, und zum anderen kann jeder hier etwas werden. Denn Leistung zählt und wird belohnt. Viele internationale Unternehmen von allen Kontinenten haben daher in Deutschland eine Entwicklungsabteilung, denn hier sind sie am Puls der Zeit.

Eine ganze Generation von Gründern ist entstanden und arbeitet an den Lösungen für morgen. Ganz viele Vertreter der jüngeren Generation haben verstanden, dass persönlicher Erfolg nicht unmoralisch ist. Niemand erhebt sich mehr über andere, weil sie Geld verdienen. Die Menschen haben verstanden, dass Wirtschaft altruistisch ist. Es geht darum, anderen bei etwas zu helfen.

Berühmt ist Deutschland für sein florierendes Vereinsleben. Es hat eine Renaissance erlebt, nachdem das Kartenhaus der staatlichen Einmischung gecrasht ist. Die Dodokratie ist den Bach runtergegangen, der Wohlstand war verloren, und nach einer langen Phase von Armut und Elend haben die Menschen sich aufgerafft und die Ärmel hochgekrempelt.

Private Nachbarschaftshilfe ist die selbstverständliche Basis dafür, dass kein Notfall unbemerkt bleibt. Seit die Menschen eingesehen haben, dass der Staat mit seinen bürokratischen Strukturen und Seilschaften unfähig ist, den Menschen die Verantwortung für ihre Gesundheit, für die Pflege, für den Naturschutz, für die Wirtschaft, für die Kultur, für die Bildung oder für die Unterstützung unverschuldet in Not geratener Menschen abzunehmen, übernehmen sie selbst wieder Verantwortung für alle Lebensbereiche. Es gibt in Deutschland so viele Vereine wie noch nie. Dazu eine reiche Kultur von Stiftungen, privaten Instituten, Verbänden und Clubs mit unterschiedlichsten Themen und Inhalten.

In Deutschland sind einige der besten Universitäten, darunter die fünf weltberühmten so genannten Bundesliga-Universitäten Freiburg, Tübingen, Heidelberg, München und Aachen. Wer Abschlüsse auf diesen Elite-Unis oder den assoziierten Unis in Zürich und Wien schafft, dem stehen gesellschaftliche und wirtschaftliche Führungsjobs auf der ganzen Welt offen.

Aber auch das Schulsystem in Deutschland gehört zu den besten der Welt. Neben den staatlichen Grund- und Hauptschulen gibt es eine Vielzahl verschiedenster Arten von privaten weiterführenden Schulen, die miteinander in hartem Wettbewerb um die Schüler stehen. Lehrer ist ein hoch bezahlter und hoch angesehener Beruf. Persönlichkeitsentwicklung ist das zentrale Thema in den Schulen.

An diesem neuen Bildungssystem liegt es auch, dass so viele begeisterte Gründer mit ihren vielen Geschäftsideen erfolgreich sind: Tausende von Unternehmern sind als Lehrer berufen – sie vermitteln die Kunst, Geschäftsideen zu entwickeln und umzusetzen. Sie vermitteln Fokus aufs Wesentliche, Fokus auf den Kunden, den Mitmenschen.

Alle Schulabgänger wissen: Mit dem Abschluss ist die Bildung nicht erledigt, sondern lebenslanges Lernen ist angesagt. Das betrifft auch die Lehrer: Endlich bilden auch sie sich konsequent in Bereichen weiter, die nicht nur mit Mathe, Musik oder Pädagogik zu tun haben – sondern sie saugen Wissen rund um Persönlichkeitsentwicklung und Produktivität in sich auf, denen sie früher auf keiner Fortbildung begegnet sind. Ludwig Erhard und Joseph Schumpeter kennt jeder Lehrer. Die Schulen sind top digitalisiert, und die Lehrerinnen und Lehrer kennen sich selbstverständlich mit der IT aus und managen sie souverän.

In diesem Deutschland Mitte des 21. Jahrhunderts gibt es die meisten kleinen Firmen pro Quadratkilometer auf der Welt. Nirgendwo gibt es auf so engem Raum so viele Start-ups. Der Wettbewerb ist hart, aber fair, denn keine Branche akzeptiert mehr Staatseingriffe in die Märkte. Das Volk ist klug geworden und wählt niemanden mehr, der für Gleichmacherei eintritt.

Die Gewerkschaften haben sich weiterentwickelt und wurden zu von allen Seiten hoch angesehenen Schlichtern und Mediatoren für Streitigkeiten und Differenzen in der Wirtschaft. Sowohl Mitarbeiter als auch Unternehmen bezahlen gerne freiwillig für ihre befriedenden Dienstleistungen. Vorbei ist die Zeit des Arbeitskampfes. Alle ziehen an einem Strang mit einem Ziel: Wertschöpfung.

Die Flaggschiffe der Wirtschaft sind die großen Familienunternehmen. Die Erbschaftsteuer wurde abgeschafft, denn Vermögensteuern gelten allgemein als unanständig. Auch deshalb sind inhabergeführte Unternehmen der neue Weltstandard geworden. Und damit wächst der Wohlstand aller. Denn alle haben sinnvolle und wertschöpfende Arbeitsplätze. Daher sprudeln die Steuern nur so – viel stärker als jemals zuvor. Schlaglöcher gibt es schon lange nicht mehr. Die Brücken sind stabil, die Bahnhöfe funktionieren tadellos, sämtliche Gebäude sind längst saniert und strahlen in neuem Glanz, oft liebevoll historisch saniert.

Internationale Konzerne finden sich nur wenige, weil die niedrige, aber faire Besteuerung in Deutschland keine Vorteile gegenüber der mittelständischen Wirtschaft bringt. Und wenn sie direkt konkurrieren müssen, sind die fetten Konzerne den wendigen mittelständischen Familienunternehmen meistens unterlegen. Entsprechend arbeiten auch gute Leute lieber bei Arbeitgebern aus Fleisch und Blut statt wie früher meistens bei Arbeitgebern, die letztlich nur aus anonymen Strukturen bestehen.

Deutschland ist komplett digitalisiert, das »Internet der Dinge« ist Realität geworden. Jede Milchkanne und jedes Maschinenteil ist via Internet vernetzt. Die Deutschen haben gelernt, Flughäfen zu bauen, und wenn Schnee fällt, bricht nirgendwo mehr das Chaos aus. Denn Tausende kleine Maschinen behalten alles im Griff. Obwohl viele Arbeitsplätze durch Automatisierung und Digitalisierung ersetzt wurden, gibt es genügend Arbeit für alle. Weil immer wieder neue Ideen entstehen, die die Menschheit weiterbringen.

Der Staat ist sehr klein, aber effizient. Die Staatsquote liegt bei 20 Prozent, der Staat konzentriert sich aufs Wesentliche, den Rest erledigen die Unternehmen. Die Steuern sind so niedrig wie möglich und nur noch so hoch wie nötig. Es gibt große persönliche und wirtschaftliche Freiheit, auf dem internationalen Freedom-Index rangiert Deutschland auf den vordersten drei Plätzen. Das ist auch der Grund, warum von den rund 8 Millionen Steuerflüchtlingen, die vor dem Zusammenbruch mit ihren Familien und ihrem Vermögen das Land verlassen hatten, fast alle wieder nach Deutschland zurückgekehrt sind.

Das Gesundheitssystem ist mittlerweile privatisiert und wird in einem florierenden Markt von mittelständischen Unternehmen aus der Privatwirtschaft betrieben. Die Pflege alter Menschen hat ihre große Krise hinter sich und wurde von privaten

Firmen revolutioniert, die mittlerweile weltweit tätig sind. Nirgends auf der Welt geht es alten Menschen so gut wie in Deutschland, was Nachahmer aus der ganzen Welt veranlasst hat, die deutsche Altersversorgung zum Vorbild zu nehmen.

Die Deutschen sind trotz aller Erfolge bescheiden und bodenständig. Von der früheren Selbstgerechtigkeit und Überheblichkeit ist nichts mehr zu spüren.

Stattdessen kommen Menschen aus aller Welt nach Deutschland und staunen, wie dieses kleine Land es schafft, zu den drei größten Wirtschaftsnationen der Welt zu gehören. Auch Vertreter der chinesischen Regierung sind präsent, denn sie schauen sich ab, wie Deutschland es geschafft hat, CO_2-neutral zu werden, ohne die Menschen zu irgendwas zu zwingen.

Außerdem gehen Handwerkslehrlinge aus der ganzen Welt nach Deutschland auf die Walz, um eine der berühmten deutschen Handwerkerausbildungen zu absolvieren oder gar ihren Meister zu machen. Das Wort »Meister« ist mittlerweile in viele Weltsprachen eingeführt worden und gilt als Ehrentitel.

In den deutschen Regionen gibt es überraschend viel Landwirtschaft. Die zerstörerischen Monokulturen und die Tierquälerei durch Massentierhaltung und Langstreckentransporte gehören der Vergangenheit an. In Deutschland gibt es viele kleine Bauernhöfe mit gemischter Vieh- und Felderwirtschaft. Alle Betriebe arbeiten mit modernsten Maschinen und Geräten, aber die Tiere laufen auf großen Weiden frei herum. Es hat sich durchgesetzt, dass die Mutterkühe ihre Kälber selber aufziehen und ganz allgemein Jungtiere bei ihren Muttertieren bleiben. Durch die weitverbreitete Viehwirtschaft haben sich die Böden erholt und tragen in der Fruchtwechselwirtschaft gesunde Erträge an Feldfrüchten, ganz ohne Pestizide. Die Fleischqualität ist überragend und weltberühmt. Ganz allgemein ernähren sich die Deutschen bewusst und gesund mit natürlichen Lebensmitteln. Auf den Grundschulen ist Kochen und Ernährung ein Hauptfach.

Allein dadurch hat sich der Gesundheitszustand der Deutschen so erholt, dass die Gesundheitskosten in Deutschland zu den niedrigsten der Welt gehören und die Pharmakonzerne in Deutschland kaum mehr Geschäfte machen können. Chronische Krankheiten sind auf dem Rückzug, und die Hightech-Diagnostik der deutschen Gesundheitshäuser ist weltbekannt. Die allgemeine Lebenserwartung liegt oberhalb von 100 Jahren.

Die Energie wird umweltfreundlich und dezentral gewonnen, in jeder Region hat die Privatwirtschaft eigene, zur Landschaft passende Energiekonzepte entwickelt. Seit der Staat sich aus der Energiebranche heraushält, ist der Energiepreis stark gefallen und zählt zu den niedrigsten der Welt, was die Wirtschaft enorm angekurbelt hat.

Naturschutz und insbesondere Schutz der Atmosphäre ist kein großes Thema mehr, weil selbstverständlich geworden. Seit Jahren vergrößert sich die Vielfalt an heimischen Tier- und Pflanzenarten stetig. Nicht nur der Natur geht es gut. Deutschland rangiert seit Jahren konstant auf den vorderen drei Plätzen des World Happiness Reports der Vereinten Nationen.

Viele Unternehmer gehen ganz selbstverständlich in die Politik, übernehmen für einige Jahre gesellschaftliche Verantwortung und kehren anschließend wieder zurück in die Wirtschaft. Berufspolitiker gibt es nur noch auf kommunaler und regionaler Ebene, in den Parlamenten sitzen dagegen arbeitende Menschen aus allen Berufen. Für sie ist es keine Karrierefrage, sondern eine Ehre, eine Zeit lang ihr Wissen und ihre Erfahrung in den Dienst aller zu stellen.

In den Hologrammtalkshows im Internet treten viele Vorbilder aus Wirtschaft und Gesellschaft auf, aus Sport, Kunst und Kultur, und diskutieren freundlich miteinander. Viel mehr Unternehmer als früher sind dabei. Jeder darf zu Wort kommen, keine Meinung ist unerwünscht. Es ist üblich geworden, einander aussprechen zu lassen.

Und ich bin stolz darauf, hierzulande Unternehmer zu sein.

Nachwort
Ich glaub an dich!

Ich sitze in meinem Büro in Wesel, es ist 2021.

Der junge Mann, der da vor mir sitzt, ist Mitte zwanzig, und ich freue mich sehr über ihn. Ich kenne ihn jetzt seit mehr als zehn Jahren und habe seine ganze Jugendzeit mitbekommen. Damals, als ich ihn kennengelernt hatte, war er ein Schulfreund meines Sohns, er war oft bei uns zu Besuch.

Der Junge kommt aus gutem Hause, wie es so schön heißt, und er war ein ziemlich wildes Pubertier. Lehrer hatten ihn »sozial auffällig« genannt. Ich fand ihn gar nicht auffällig, sondern altersgemäß. So ein Rotzlöffel mit null Bock auf alles eben. Ich war ja in seinem Alter auch nicht gerade pflegeleicht. Er ist halt angeeckt. Soll vorkommen …

Bei uns war er wohl immer gerne. Wir haben ihn ab und zu mitgenommen, wenn wir was unternommen haben, und wir haben öfter mal lange geredet. Mein Sohn und ich haben immer zu ihm gehalten und ihn auch hier und da mit unseren Kontakten unterstützt, als er ein Duales Studium gemacht hat und danach dann bei einem spezialisierten Personalvermittler in Frankfurt angefangen hatte. Die besetzen für große Firmen Empfangsdamen und Sicherheitspersonal, beschäftigen etwa 250 Mitarbeiter, das Geschäft läuft gut.

Der junge Mann hat sich sehr gut entwickelt. Er ist ein total kluger, aufgeräumter und netter Typ geworden. Er ist enorm fleißig, hungrig, hat sich hochgearbeitet, hängt sich voll rein, schmeißt mittlerweile den ganzen Laden.

Und heute ist Sonntag, wir haben ihn zum Essen zu uns nach Hause eingeladen. Mein Sohn hatte Geburtstag, und der junge Mann hat für ihn ein Geschenk mitgebracht.

Mein Sohn packt das Päckchen aus. Eine Uhr. Eine echte Schweizer Uhr! Völlig übertrieben! Mein Sohn schaut ihn mit großen Augen an: »Spinnst du?«

Der junge Mann ist sichtlich nervös. Er räuspert sich. »Ja, also, ich weiß, dass das Geschenk viel zu groß ist. Tut mir leid, wenn das vielleicht unangemessen ist. Aber wisst ihr … das ist mir egal. Ich bin gerade so mega-erfolgreich und verdiene richtig viel Geld. Und ich bin mega-happy. Und ich …«

Er schaut meinen Sohn an und dann mich, es ist ihm ein Herzensanliegen, das ist klar. Er sagt: »Na ja, und ich … ich bin euch halt so dankbar. Weil, weil … – ohne euch hätte ich das nie geschafft.«

Dann sagt mein Sohn, dass er findet, dass der junge Mann sich endlich selbstständig machen sollte. »Weißt du, Papa, der ist so gut! Der hat das Geschäft voll im Griff. Das könnte er doch auf eigene Rechnung machen. Der kann das besser als sein Chef. Ich sag ihm das schon die ganze Zeit! Der würde das packen. Ich glaub an ihn.«

Der junge Mann starrt meinen Sohn an, schaut dann zu mir.

Und ich sage zu ihm: »Ich auch. Ich glaube auch an dich.«

Seine Augen leuchten. Er strahlt.

Literatur

Alexander, Scott: *Advanced Rhinocerology*. The Rhino's Press, Laguna Hills (Kalifornien) 1981

Anderson, Chris: *The Long Tail. Nischenprodukte statt Massenmarkt – das Geschäft der Zukunft*. Hanser, München 2007

Bosch, Jule und Lukas: *ÖKOnomie: So retten führende Unternehmensaktivist*innen unsere Zukunft. Erfolgsstrategien aus der Praxis*. Campus, Frankfurt am Main 2021

Erhard, Ludwig: *Wohlstand für alle*. Econ, Berlin 2020

Greiner, Lena und Carola Padtberg: *Ich muss mit auf Klassenfahrt – meine Tochter kann sonst nicht schlafen! Neue unglaubliche Geschichten über Helikopter-Eltern*. Ullstein, Berlin 2018

Hein, Monika: *Empathie. Ich weiß, was du fühlst*. GABAL, Offenbach 2018

Hörhan, Gerald: *Investment Punk. Warum ihr schuftet und wir reich werden*. Ullstein, Berlin 2011

Kirchhof, Paul: *Das Gesetz der Hydra. Gebt den Bürgern ihren Staat zurück!* Droemer, München 2006

Kiyosaki, Robert: *Rich Dad Poor Dad: Was die Reichen ihren Kindern über Geld beibringen*. 12. Auflage. FinanzBuch Verlag, München 2014

Limbeck, Martin: *Limbeck. Verkaufen. Das Standardwerk für den Vertrieb*. GABAL, Offenbach 2018

Miller, Joe, Uğur Şahin, Özlem Türeci et al.: *Projekt Lightspeed: Der Weg zum BioNTech-Impfstoff – und zu einer Medizin von morgen*. Rowohlt, Hamburg 2021

Rosling, Hans: *Factfulness. Wie wir lernen, die Welt so zu sehen, wie sie wirklich ist*. Ullstein Taschenbuch, 14. Auflage. Berlin 2019

Schäfer, Bodo: *Der Weg zur finanziellen Freiheit.* dtv, München 2003
Semler, Ricardo: *Das Semco-System. Management ohne Manager.* Heyne, München 1993

Anmerkungen

1 https://www.faz.net/aktuell/wirtschaft/arm-und-reich/iw-koeln-test-gehoeren-sie-zu-den-nettozahlern-16622168.html
2 https://www.personalwirtschaft.de/fuehrung/artikel/in-der-corona-krise-steigen-mitarbeiterbindung-und-wechselbereitschaft.html
3 https://sbahn.berlin/aktuelles/artikel/energiefressern-auf-der-spur/
4 Handelsblatt, 21. September 2017. https://www.handelsblatt.com/unternehmen/management/klaus-kleinfeld-arconic-versuesst-ex-ceo-den-abschied-mit-50-millionen-dollar/20359124.html?ticket=ST-2765260-hKNlgpjTxJQdbrhkLqsV-ap3
5 https://de.wikipedia.org/wiki/Werner_Seifert_(Manager)
6 https://www.merkur.de/reise/wie-viel-co2-stosse-ich-bei-einer-flugreise-aus-zr-8602298.html
7 https://www.quarks.de/technik/energie/so-viel-energie-verbraucht-das-internet/
8 https://www.tagesspiegel.de/berlin/erneute-demos-am-montagnachmittag-klimaaktivisten-blockierten-berliner-autobahnen-rettungswagen-im-stau/28023672.html ; https://www.tagesschau.de/inland/blockade-autobahnen-reaktionen-101.html
9 https://www.derstandard.de/story/2000109996693/wuetende-pendler-verpruegelten-in-london-klimaaktivisten-wegen-u-bahn-blockade
10 https://www.spiegel.de/politik/deutschland/cem-oezdemir-ueber-aufstand-der-letzten-generation-eine-demokratie-laesst-sich-nicht-erpressen-a-31103f92-a7c9-401a-88e9-f220fdb839ff
11 https://www.heise.de/mac-and-i/meldung/Apple-nutzt-recycelte-seltene-Erden-in-neuen-iPhones-4533559.html
12 https://beruehrungs-punkte.info/erfolg-und-scheitern-von-gemeinschaften-woran-liegts/
13 https://www.tagesspiegel.de/wirtschaft/viele-projekte-scheitern-durch-flausen-im-kopf/4272258.html
14 https://osthessen-news.de/n11527432/10-euro-stundenlohn-im-durchschnitt-organisierte-banden-in-der-innenstadt.html

15 https://www.bpb.de/nachschlagen/lexika/lexikon-der-wirtschaft/19454/geldmenge

16 https://www.saarbruecker-zeitung.de/nachrichten/politik/bundeswehr-arzt-sieht-einsatzbereitschaft-der-rekruten-in-gefahr_aid-57889641

17 https://www.welt.de/debatte/kommentare/plus237115145/Putin-hat-keine-Furcht-vor-dem-Westen-weil-wir-so-schwach-geworden-sind.html

18 https://www.gofeminin.de/aktuelles/nicht-mehr-von-indianern-sprechen-s4024320.html

19 https://www.wuv.de/marketing/bionade_plakatiert_fuer_eine_bessere_welt

20 https://bdi.eu/artikel/news/china-in-der-wto/

21 https://www.handelsblatt.com/unternehmen/industrie/ipo-chinesischer-eigentuemer-geely-bringt-autobauer-volvo-an-die-boerse/27674826.html?ticket=ST-5969527-asC2uuOATXOmKgmXL0FI-ap3

22 https://www.focus.de/immobilien/kaufen/huazhu-group-chinesen-uebernehmen-deutsche-luxus-hotelkette-steigenberger_id_11308429.html

23 https://www.investmentplattformchina.de/chinesische-staatsunternehmen-und-deutsche-fusionskontrolle-crrc-vossloh/

24 https://www.handelsblatt.com/finanzen/immobilien/immobilien-branche-einstieg-bei-engel-und-voelkers-finanzinvestor-permira-investiert-in-die-digitale-transformation/27495636.html?ticket=ST-6066512-ToFH1vDmnpAOnmx09hRm-ap3

25 https://www.nordbayern.de/2.5886/schlagzeilen/schlechter-service-dreckige-autos-taxifahrer-in-der-kritik-1.2926808

26 https://www.deutschlandfunk.de/bad-godesberg-zwischen-wohlstand-und-sozialem-brennpunkt-100.html

27 https://www.sueddeutsche.de/panorama/drei-schluchten-damm-millionen-menschen-muessen-umsiedeln-1.344584

28 https://www.heritage.org/index/ranking

29 https://de.wikipedia.org/wiki/Pionierorganisation_Ernst_Th%C3%A4lmann#Jungpioniere

30 https://www.nzz.ch/wirtschaft/wirtschaftspolitik/einblick-in-die-ddr-wirtschaft-der-unternehmer-der-dem-sozialismus-trotzte-ld.129130

31 https://www.spiegel.de/wirtschaft/mietendeckel-berliner-wohnungsbaugenossenschaften-klagen-a-a8a58b43-2827-4763-8b43-124beca0c54e

32 https://www.tagesspiegel.de/berlin/mietendeckel-verhindert-investitionen-berlins-groesster-wohnungsverband-warnt-vor-einbruch-bei-neubauzahlen/25968922.html

33 https://kunst.wuerth.com/de/portal/startseite.php

34 https://www.kinderlachen.net/

35 https://de.statista.com/infografik/25907/anteil-der-befragten-die-lehrkraefte-fuer-digital-kompetent-halten/

36 https://www.dw.com/de/gesundheits%C3%A4mter-mit-papier-stift-und-fax-gegen-corona/a-56347106

37 https://www.wiwo.de/politik/deutschland/forschungsministerin-karliczek-5g-ist-nicht-an-jeder-milchkanne-notwendig/23663688.html

38 https://www.handelsblatt.com/politik/deutschland/das-netz-spottet-angela-merkel-entdeckt-neuland/8375342.html?ticket=ST-15612839-YEn0cgfgYCn2iu657bnA-ap4

39 https://www.tagesspiegel.de/politik/die-kanzlerin-und-das-internet-merkels-neuland-wird-zur-lachnummer-im-netz/8375974.html

40 https://www.tagesspiegel.de/politik/schnell-weg-von-putins-gas-oel-und-kohle-so-will-habeck-deutschland-unabhaengiger-machen-von-russland/28102964.html

41 https://www.deutschlandfunk.de/kernenergie-in-der-eu-ein-auslauf-modell-fuer-mehr-100.html

42 https://www.zdf.de/nachrichten/politik/macron-atomkraftwerke-frankreich-100.html

43 https://www.manager-magazin.de/unternehmen/china-will-keine-kohlekraftwerke-im-ausland-mehr-bauen-a-523e8aa3-842f-44a3-b20c-54c87ba26c8a

44 https://www.haufe.de/immobilien/wirtschaft-politik/eeg-erneuerbare-energien-gesetz_84342_559758.html

45 https://www.ifw-kiel.de/de/publikationen/medieninformationen/2020/zusaetzlicher-strombedarf-hebelt-klimavorteile-von-e-autos-aus/

46 Die Verbrennung eines Liters Benzin erzeugt laut Helmholtz-Gemeinschaft etwa 2,37 Kilogramm CO_2 – bestehend aus dem Kohlenstoff aus dem Benzin und dem Sauerstoff aus der Luft. Das ergibt 30,81 Kilogramm CO_2 bei 13 Litern. Geteilt durch 100 Kilometer ergibt etwa 308 Gramm CO_2.

47 https://de.wikipedia.org/wiki/Hanlon%E2%80%99s_Razor

48 https://www.youtube.com/watch?v=4WB7ovTyZWU

49 https://www.bundesregierung.de/breg-de/service/bulletin/rede-des-bundesministers-fuer-arbeit-und-soziales-hubertus-heil--1512576

50 https://www.swr.de/swraktuell/baden-wuerttemberg/lkw-fahrer-in-deutschland-verzweifelt-gesucht-100.html

51 https://de.wikipedia.org/wiki/Broken-Windows-Theorie

52 https://www.welt.de/wirtschaft/article234058756/Bundestagswahl-Das-sind-die-Berufe-der-neuen-Abgeordneten.html

53 https://www.wochenblatt-dlv.de/politik/gap-droht-nebenerwerbsbauern-unnoetige-buerokratie-565053

54 https://www.khaleejtimes.com/transport/dubai-driverless-taxis-to-hit-roads-next-year-all-you-need-to-know-about-booking-a-ride

55 https://www.pflege.de/pflegegesetz-pflegerecht/elternunterhalt/

56 https://www.sueddeutsche.de/politik/60-geburtstag-der-kanzlerin-merkels-gefallene-maenner-1.2040184

57 https://www.uni-goettingen.de/en/kat/download/0ca2c88b2a0f48aa178227f1b7434898.pdf/Rundfunkurteile%20BVerfG%20ausf%FChrliche%20Zusammenfassung.pdf

58 https://www.bundeskartellamt.de/SharedDocs/Meldung/DE/Pressemitteilungen/2021/05_08_2021_Musikinstrumente.html

59 wenn höheres Einkommen durch den höheren Steuersatz keine höhere Kaufkraft hat als das frühere Einkommen.

60 https://www.youtube.com/watch?v=kmrpAAOx3r4

61 https://www.bbr.bund.de/BBR/DE/Bauprojekte/Berlin/Politik/bundeskanzleramt/erweiterung.html